可爱观赏鱼

KEAI GUANSHANGYU

可爱观赏鱼

编著·吴微

成都时代出版社

图书在编目（CIP）数据

可爱观赏鱼/吴微编著. —成都：成都时代
出版社，2010.6
 ISBN 978-7-5464-0093-8

 Ⅰ. 可… Ⅱ. 吴… Ⅲ. 观赏鱼类—基本知识
Ⅳ. S965.8

 中国版本图书馆CIP数据核字（2009）第205474号

可爱观赏鱼
KEAI GUANSHANGYU

吴微 编著

出 品 人	段后雷
项目策划	李亚林
责任编辑	李亚林
责任校对	周　慧
封面设计	闻立勇
责任印制	莫晓涛

出版发行	成都传媒集团·成都时代出版社
电　话	（028）86619530（编辑部）
	（028）86615250（发行部）
网　址	www.chengdusd.com
制　作	四川胜翔数码印务设计有限公司
印　刷	四川省印刷制版中心有限公司
规　格	185mm×210mm　1/24
印　张	11
字　数	320千
版　次	2010年6月第1版
印　次	2010年6月第1次印刷
印　数	1-5000
书　号	ISBN 978-7-5464-0093-8
定　价	35.00元

目录
CONTENTS

02 观赏鱼养殖技术和设备／223

01

观赏鱼的类型

观赏鱼是指那些具有观赏价值、有鲜艳色彩或奇特形状的鱼类。观赏鱼的体色艳丽、体态娴娜、外形奇特、习性有趣，具有较高的欣赏价值，深受人们的喜爱，被视为宠物。在观赏鱼市场中，它们通常由三大品系组成，即热带淡水观赏鱼、温带淡水观赏鱼和热带海水观赏鱼。按人们对其的认知程度可分为常见观赏鱼和野生观赏鱼。按其价值可分为普通观赏鱼和名贵观赏鱼。

热带淡水观赏鱼的系列品种和饲养

热带淡水观赏鱼是指在热带地区生长发育的观赏鱼类，包括热带淡水鱼和热带海水鱼。热带淡水观赏鱼主要来自于热带和亚热带地区的河流、湖泊中，它们分布地域极广，品种繁多，大小不等，体形特性各异，颜色五彩斑斓，非常美丽。依据原始栖息地的不同，它们主要来自于三个地区：一是南美洲的亚马逊河流域的许多国家和地区，如哥伦比亚、巴拉圭、圭那亚、巴西、阿根廷、墨西哥等地；二是东南亚的许多国家和地区，如泰国、马来西亚、印度、斯里兰卡等地；三是非洲的三大湖区，即马拉维湖、维多利亚湖和坦干伊克湖。

比较著名的品种有三大系列。

灯类鱼系列品种

如红绿灯、头尾灯（别名车灯鱼、灯笼鱼）、蓝三角、红莲灯、黑莲灯—眉道人、火焰灯、红鼻剪刀、宝莲灯、黄日光灯、帝王灯、霓虹灯、柠檬灯、黑裙、火焰铅笔鱼等，它们小巧玲珑、美妙俏丽、若隐若现，非常受欢迎。

灯类品种

红绿灯鱼及其饲养

别名: 拟唇齿脂鲤、红莲灯、霓虹灯、红灯鱼

原产地及分布: 秘鲁、亚马逊河支流、哥伦比亚、巴西

成鱼体长: 3.0~4.0cm

繁殖方式: 卵生

　　红绿灯是热带鱼中较著名的观赏鱼类。体娇小,全身散发着青绿色光彩,从头部到尾部有一条明亮的蓝绿色带,体后半部蓝绿色带下方还有一条红色带,腹部蓝白色,红色带和蓝色带贯穿全身,光彩夺目。在不同的光线下或不同的环境中,其色带的颜色时深时浅。

饲养特点

　　性情温和,易饲料,喜在水族箱的中下层成群不停地游动,可与其他品种鱼混养。水质微酸性软水,水色要求清澈透明。其喜在光线暗淡的水族箱中生活,禁止强光照射。

　　日常饲养的水质以旧水为主,不宜过多地加入新水,否则易患白点病。

繁殖特点

　　亲鱼性成熟年龄为10个月。雄鱼体较纤细,雌鱼体较肥厚。雌鱼腹部膨大时先与雄鱼分养几日,喂足水蚤,然后配对入箱。水质应为软水,硬度1度,氢离子浓度316.3~2512nmol/L(pH5.6~6.8),水温25℃,并放入人工鱼巢,如棕丝或金丝草,并遮光,使繁殖箱昏暗安静。

　　在30cm×25cm×25cm的鱼缸底铺满头发丝草。水温5℃~26℃,水质pH5.6~6.5,其调节器节应缓慢进行,使亲鱼有一个适应过程(或选用水质极软的双蒸水,调节pH,充氧备用)。将一对亲鱼于傍晚时放入,雌鱼一般第二天黎明孵出仔鱼,4~5天后仔鱼游动觅食。雌鱼每次产孵200~300粒。

红绿灯的繁殖较难，主要表现在繁殖水质要求较高和仔鱼的护理要求较特殊。1尾雌鱼可产卵150粒左右。产卵后将亲鱼捞出，以免吞卵。24小时孵出仔鱼。再经3～5天，仔鱼体内卵黄囊中营养物被吸收完后，开始游动觅食。逐渐移掉挡光物体，及时投喂"洄水"（洄水是观赏鱼爱好者的行话，指的是自然界中湖泊、坑塘里富含大量草履虫的水体。因为草履虫大量繁殖时，在水层中呈灰白色云雾状并成群漂动回荡，所以称之为"洄水"）。

由于仔鱼细小，游动量较小，饵料到嘴边才能进食。开口饵料，将蛋黄洄水用200网目网具过筛后，用吸管一滴滴地投喂，等过一段时间，仔鱼游动正常时，再改喂150网目网具筛选过的蛋黄洄水。由于仔鱼生长缓慢，故摄食蛋黄洄水的时间较其他小型品种长些。此外，仔鱼的孵化水质水性极软，且水温与日常饲养水温完全不同。待仔鱼长到5mm时，在50cm×40cm×40cm的水族箱内存部分水温相同的日常饲水，将仔鱼连水一起集中在水族箱中，使仔鱼慢慢地适应日常用水的水质。这时仔鱼可以投喂小型鱼虫，可在水中溶入土霉素1～2片，以防止细菌感染，待幼鱼体表有红绿色泽时，再转入长80cm或长100cm的大水族箱饲养，直到长成为成年鱼为止。

灯类品种
头尾灯鱼及其饲养

别名：电灯鱼、眼斑半线脂鲤
原产地及分布：南美洲的圭亚那和亚马逊河流域

成鱼体长：4.0～5.0cm	**性格**：温和	
适宜温度：23.0℃～28.0℃	**酸碱度**：pH 6.0～7.5	
活动水层：底层	**繁殖方式**：卵生	

头尾灯鱼体长而侧扁，头短，腹圆，两眼上部和尾部各有一块金黄色斑，在灯光照射下，反射出金黄色和红色的色彩。鱼在游动的过程中，由于光线的关系，头部和尾部的色斑亮点时隐时现，宛若密林深处的萤火虫，闪闪发光。

饲养特点

性情温和，身体娇小，喜群聚游动，可与其他品种鱼混养。对水质要求不严，饲养适温为22℃~27℃，水质中性为宜。饵料以小型活食为主。喜在水族箱中层活动、觅食。

繁殖特点

头尾灯鱼6月龄开始性成熟，雌雄鱼区别较易，亲鱼性成熟年龄为9个月。雄鱼体色较深，臀鳍中部有透明的横条，雌鱼则没有；雌鱼体比雄鱼宽而肥大，腹部浑圆。人工繁殖时，要求水温较平时高1℃~3℃，水质以pH6.3~6.8为宜。亲鱼雌雄按1:1~1:2的比例分为一组，晚上将其放入已布好的避光产卵箱中，第2天凌晨雄鱼追逐雌鱼，雌鱼产卵，每次约产卵300~500粒。产卵结束后，立即取出亲鱼另养。受精卵在黑暗环境中孵化约24小时出苗，鱼苗4日龄时开始游泳、摄食。繁殖水温24℃~25℃，水质中性软水。在30cm×25cm×25cm的鱼缸底部铺放头发丝草，傍晚时放入亲鱼一对，第二天黎明就可产卵。产卵结束后将亲鱼捞出，第二天傍晚就能看到孵化出的仔鱼，三四天后仔鱼游动觅食，25天后仔鱼即发育为幼鱼。雌鱼每次 产卵200~300粒，产卵间隔时间10天。

3 灯类品种
蓝三角鱼及其养殖

别名：三角灯鱼

原产地及分布：亚洲的泰国、马来西亚、印度尼西亚

成鱼体长：3.0~5.0cm	**性格**：温和
适宜温度：23.0℃~28.0℃	**酸碱度**：pH 5.0~7.0
硬度：4° N~12° N	**活动水层**：顶层
繁殖方式：卵生	

蓝三角鱼体呈纺锤形，稍侧扁，尾鳍呈叉形，体长可达5~6cm，其背鳍、臀鳍、尾鳍均为红色，并有白色的边缘，胸鳍和腹鳍无色透明，身体中部自腹鳍至尾鳍基部有一块黑色的三角形图案，因

此又称为蓝三角或黑三角鱼。

这种鱼性情温和，适宜与其他品种的小型热带鱼混养，以吃动物性饵料为主。

蓝三角鱼对水质要求较严，水温昼夜温差不超过3℃，弱酸性水为宜，必要时还要在水中添加一些腐殖酸。饲养水质弱酸性，软水，水质要求澄清。饵料有鱼虫、颗粒饲料等。繁殖水温25℃~26℃，亲鱼性成熟年龄为6个月，繁殖期间雄鱼幼鲜艳的婚姻色，体形瘦小，雌鱼腹部膨大，属水草卵生鱼类，雌鱼每次产卵100~200粒。

三角鱼鱼鳍的颜色种类很多，有的呈玫瑰红与蓝色的混合色，与鱼体颜色配合极为协调、美丽，所以很受热带鱼饲养者的喜爱。

4 灯类品种
红莲灯鱼及其饲养

别名：拟唇齿脂鲤、霓虹灯、红灯鱼

原产地及分布：秘鲁、亚马逊河支流、哥伦比亚、巴西

成鱼体长： 3.0~4.0cm		**性格：** 温和	
适宜温度： 20.0℃~25.0℃		**酸碱度：** pH 5.5~7.5	
硬度： 0°N~8°N		**活动水层：** 底层	
繁殖方式： 卵生			

红莲灯体态娇小。全身笼罩着青绿色光彩，从头部到尾部有一条明亮的蓝绿色带，体后半部蓝绿色带下方还有一条红色带，腹部蓝白色，红色带和蓝色带贯穿全身，光彩夺目。在不同的光线下或不同的环境中，其色带的颜色时深时浅。

红莲灯是热带鱼类中较著名的观赏鱼类。性情温和，易饲料，喜在水族箱的中下层成群不停地游动，可与其他品种鱼混养。水质微酸性软水，水色要求清澈透明，喜在光线暗淡的水族箱中生活，禁止在强光下照射。

日常饲养的水质以旧水为主，不宜过多地加入新水，否则易患白点病。

亲鱼性成熟年龄为10个月。雌雄区别比较困难。一般雄鱼体较纤细，雌鱼体较肥厚。在30cm×25cm×25cm的鱼缸底铺满头发丝草。柔水5℃～26℃，水质pH5.6～6.5，其调节器节应缓慢进行，使亲鱼有一个适应过程（或选用水质极软的双蒸水，调节pH，充氧备用）。将一对亲鱼于傍晚时放入，雌鱼一般第二天黎明孵出仔鱼，4～5天后仔鱼游动觅食。雌鱼每次产孵200～300粒。

灯类品种
黑莲灯鱼及其饲养

别名：黑灯管、黑灯

原产地及分布：南美巴西及亚马逊河流域

成鱼体长：3.0～4.0cm	**性格**：温和
适宜温度：23.0℃～27.0℃	**酸碱度**：pH 5.6～7.4
活动水层：底层	**繁殖方式**：卵生

黑莲灯鱼生性活泼、温和，喜群游，容易饲养。中文名有：新光电管鱼、光电管鱼、双线电灯鱼、双线灯鱼、绶带鱼、黑霓虹、双线脂鲤、黑霓虹灯鱼、椭鱼等。

饲养方法

适合于在水族箱中群居，可与其他对环境要求相近的小型热带鱼，特别是与红绿灯鱼、宝莲灯鱼一起混养，也可单养。该鱼喜在水体的中层游动，对水质要求较高，喜生活在pH 5.6～6.2的弱酸性软水中。饲养水应清澈，但不宜多换水，以保持水质的相对稳定。饲养水要有过滤装置，水温保持在22℃～28 ℃，最适水温为24℃～26 ℃。该鱼体型小，单养时最好用小水族箱；群养时水族箱的容积以30 cm ×25 cm×30 cm，或者更大一些为好。该鱼胆小，易受惊，水族箱里不要铺石子，应种植些阔叶水草，以利其栖息和隐蔽。它喜食活饵料，如水、水蚯蚓等，也可适当加喂一些干饲料、颗粒饲料。黑莲灯鱼有一奇特的生理现象，当两尾雄鱼打架时，其黑色霓虹纵带会延伸到整个尾部，乃至达到部分臀鳍。

6 灯类品种
一眉道人鱼及其饲养

别名: 红眉道人、丹尼氏无须鲃		
原产地及分布: 印度南部的狭窄区域		
成鱼体长: 14~15cm	**性格**: 温和	
适宜温度: 22℃~25℃	**酸碱度**: pH 6.8~7.8	
硬度: 5°N~25°N	**活动水层**: 中层	
繁殖方式: 卵生		

一眉道人鱼幼时的个体除背鳍有少许的淡红外，其他身体部分偏素色，通常在超过5cm后开始出现红色及清晰的黑色条纹，体表的鳞片也随着成长呈闪光的银白色，黑色条纹从吻部贯穿眼睛至尾部，紧贴黑色条纹上方为宽长的猩红色条纹，同样从吻部上方贯穿虹膜直至腹鳍的正上方，犹如红色的眉毛，故也称红眉道人。

一眉道人作为宠物鱼，最早出现在英国的水族馆里，当时由于奇货可居而价格不菲。

而这种美丽的鲤科鱼在1997年正式通过水族展登陆水族界，2003年末在香港特区的水族市场上正式露面，而上市后，一眉道人迅速凭借其夺目的体色搭配和独特的生活习性席卷世界水族市场，广受水族爱好者的欢迎。

一眉道人对水的适应性强。原生状态下栖息在以沙泥为河床的小溪的中、底部。个体天生胆小，群游性强，喜欢在日间活动，日常食谱相当广阔，几乎一点都不挑食。即使在原产地也没因为人口的增加和环境的污染而导致数目稀少。

一眉道人在水族箱虽然具有较大体型，但由于多年野外生活造成了个体天生胆小的特性，其日常活动中群游性特别强，游动速度快，喜欢在日间活动，特别适合草缸饲养。饲养时一定要保证水族箱内含有充分的氧气。日常对饲料不挑剔，可喂活体、干燥饲料、薄片等。而且对水族缸中的绿丝藻、黑毛藻都相当感兴趣，这点就跟它们的亲戚黑线飞狐相当相似。

目前一眉道人的人工繁殖难度较大，市场上的一眉道人多是野生的品种，所以价格上依旧居高不下。在北京官园、十里河等大型观赏鱼市场，一条幼年期的一眉道人价格在40～50元之间，长成的一眉道人价格要达到70～90元。

7 灯类品种
火焰灯鱼及其饲养

别名： 火焰鱼脂鲤、红裙、半身红、灯火

原产地及分布： 巴西里约热内卢附近的流域

成鱼体长： 2.0～3.0cm	**性格：** 温和
适宜温度： 22℃～28℃	**酸碱度：** pH 5.8～7.8
硬度： 5° N～25° N	**活动水层：** 中层
繁殖方式： 卵生	

火焰灯体侧扁而较高。体色为浅红褐色中带银色光泽，发育成熟之鱼体在鳃盖后有两块不明显的黑色横带，向下延伸至腹部。体后半部呈半透明密布细小红点，背缘为黑色。腹鳍、臀鳍与尾鳍呈红色，具黑色边缘，雌鱼之红色则较少，且产卵期鱼体会较大。尾柄上方具脂鳍。最大体长可达4cm。

杂食性，以蠕虫、小型甲壳类为主要食物。性情温和，喜欢群游在各水层中。雌鱼一次约可产200～300颗卵，约2～3天即可孵化。

8 灯类品种
红鼻剪刀鱼及其饲养

别名: 红吻半线脂鲤、红鼻鱼

原产地及分布: 南美洲的巴西

成鱼体长: 3~4cm **性格:** 温和

适宜温度: 22℃~26℃ **酸碱度:** pH 6.0~7.0

硬度: 0° N~8° N **活动水层:** 底层

繁殖方式: 卵生

　　红鼻剪刀鱼体型与同属其他品种相似。头部红色,吻部鲜红色,故又称红鼻鱼。全身银白色,近似透明,尾鳍上有与剪刀鱼相似的黑白条纹,故得名。吻部的颜色随其身体健康状态及水质的变化而变化。当水质、水温不适合,或身体健康欠佳时,鲜红色即变为粉红色而不鲜明。

食性

　　喜欢吃在水面上的小昆虫。

　　身体强壮,容易饲养。性情温和,可与同体型同性格的小型鱼混养。饲养水质宜弱酸性软水(pH5.4~6.8),适宜水温为22℃~26℃。吻部的颜色随其身体健康状态及水质的变化而变化。当水质、水温不适合或身体健康欠佳时,鲜红色即会变为粉红色且不鲜明。

繁殖

　　繁殖非常困难,方法与鲑鲤科其他种类相似,但极难使其产卵。若偶尔成功,每次可产100~200粒卵,孵化情况不佳。

9 灯类品种
宝莲灯鱼及其饲养

别名: 口光灯鱼、新红莲灯鱼

原产地及分布: 南美洲亚马逊河流域

成鱼体长: 4.0~5.0cm	**性格:** 温和
适宜温度: 23℃~29℃	**酸碱度:** pH 4.5~7.0
硬度: 0°N~8°N	**活动水层:** 底层
繁殖方式: 卵生	**饲养难度:** 容易饲养

　　宝莲灯鱼呈纺锤形,侧扁。体幅较红绿灯鱼稍宽。背腹缘呈浅弧线形,头、尾柄相应较宽,吻端圆钝。口稍大,眼也大,位于头部前上方。背鳍、胸鳍鳍形正常,背鳍起点距吻端的距离略短于尾鳍基间的距离。臀鳍延长,尾鳍叉形。体色非常艳丽,背部显黄绿色。这种鱼的显著特征在两侧,体色绚丽,体侧从眼后缘到尾柄处有两条并行的色带,上方是一条较宽的蓝绿色带,下方是一条较宽的红色带,诸鳍无色透明。在光线照射下,从不同角度观察,鱼体时蓝时绿,不断变换,从胸鳍到尾柄基部的腹面则完全呈鲜红色。

生活习性

　　水质微酸性软水。易饲养,常成群活动在水族箱的下层。最适水温22℃~24℃,喜偏酸性水质,要保持其艳亮体色,就要常投些动物性饵料。该鱼宜群养,泳姿比较活泼欢快。

繁殖特点

　　宝莲灯鱼6~8月龄性成熟。成熟雌鱼体幅较雄鱼宽,腹部膨大;雄鱼的体幅窄瘦,但色彩较雌鱼艳丽闪烁。从俯视和侧视两个角度观看很容易区别。繁殖时选择体长5cm左右的作亲鱼。受精卵需要附着在鱼巢上孵化,所以繁殖缸内要放入金丝草或棕丝把,也可铺设在箱底。水质要求偏酸性,氢离子浓度158.5微摩尔/升~251.2微摩尔/升,pH值5.6~6.8,水温25℃~26℃,鱼缸置于无强光直射处。受精卵也需要在昏暗的环境中孵化,经24小时～36小时后孵出仔鱼,再经24小时～48小时,匍匐在鱼巢上的仔鱼体内的卵黄囊消失,开始游动觅食。

10 灯类品种
黄日光灯鱼及其饲养

别名:金针、迷你灯、顶半线脂鲤

原产地及分布:巴西东南部

成鱼体长:2~3cm	**性格**:温和
适宜温度:22℃~28℃	**酸碱度**:pH 5.5~6.5
硬度:4°N~18°N	**活动水层**:中层
繁殖方式:卵生	

饲养方法

身体强壮,容易饲养。性情温和,群体饲养更能发挥价值感,可与同体型同性格的小型鱼混养。

11 灯类品种
帝王灯鱼及其饲养

别名:帝皇灯

原产地及分布:亚马逊河流域、哥伦比亚

成鱼体长:4~5cm	**性格**:温和
适宜温度:23℃~27℃	**酸碱度**:pH 6.3~7.4
硬度:5°N~18°N	**活动水层**:顶层
繁殖方式:卵生	

帝王灯的幼鱼难区分雄雌，随着成长，雄鱼的尾巴上下缘和中间会向回延伸并突出尾部，成熟雄鱼的臀鳍边缘镶有很强的金黄色，眼睛偏冷蓝色；而雄鱼则没有明显的尾部突出部分且眼睛偏黄绿色，很有帝王气质。

生活习性

温驯，强壮，杂食性，喜欢干净的弱酸软水环境，个性活泼比较喜欢缓水流的浅水流域，同性之间会互相争艳。可与其他品种鱼混养，对水质要求不严。可喂鱼薄片、干燥颗粒饲料及小型活食。目前全国各地均有繁殖。照顾难度：容易。

12 灯类品种
柠檬灯鱼及其饲养

别名：丽鳍鲀脂鲤、白柠、柠檬翅	
原产地及分布：南美洲亚马孙河流域	
成鱼体长：4.0~5.0cm	**性格**：温和
适宜温度：22℃~28℃	**酸碱度**：pH 6.0~7.5
硬度：4°N~18°N	**活动水层**：中层
繁殖方式：卵生	

柠檬灯性格温和，较容易饲养，全身呈柠檬色，背鳍透明，前端为鲜亮的柠檬黄色，边缘有黑色的密条纹，臀鳍亦透明，边缘深黑色，其中前面的几根鳍条组成一小片明显的柠檬黄色线条，与背鳍前上方色彩遥遥相对，因而获得柠檬灯鱼或柠檬翅鱼的美称。体呈纺锤形，稍侧扁，尾鳍呈叉状，体色淡黄色、半透明，体两侧各有一条明显的柠檬黄色条纹，眼上方呈红色，整个鱼体晶莹剔透，可以看清其脊椎骨和肋骨。背鳍呈鲜柠檬色，有黑色斑点，喜在微酸性软水中生活，在中下层水域中成群游动，在灯光的映射下，闪闪有光，显得高雅漂亮，目前多由东南亚国家繁殖外销。

饲养：以动物性活饵为主。与其他生活在南美洲的灯鱼类热带鱼一样，喜栖息于既有水草又较宽敞的环境。爱吃小型活饵料，如红鱼虫、线虫，应选细小的喂养。

繁殖方法：柠檬灯鱼为卵生鱼，繁殖比较困难。主要表现在对繁殖水质要求较高，水的硬度、酸碱度、含菌量都要求控制在一定范围。

13 灯类品种
黑裙鱼及其饲养

别名：黑牡丹、黑扯旗、黑蝴蝶鱼、半身黑鱼、黑衬裙鱼、黑掌扇鱼

原产地及分布：巴西、巴拉圭、玻利维亚及亚马逊河流域

成鱼体长：3~4cm	**性格**：温和
适宜温度：20℃~26℃	**酸碱度**：pH 5.9~8.3
硬度：5° N~19° N	**活动水层**：中层
繁殖方式：卵生	

　　黑裙鱼体高而侧扁，近似圆卵形。体前半部银灰色，后半部黑色，有两条黑长斑，尤其是臀鳍宽大，颜色深黑，特别醒目。背鳍高而短在背鳍上中部，背鳍、脂鳍、臀鳍均为黑色，尾鳍深叉形透明无色。臀部与腹部一样宽大，臀鳍也特别宽大延长直至尾柄，构成了奇特的形体，游动犹如摇滚舞。其后半身的黑色，在幼鱼期特别浓黑，随年龄增长，其黑色逐渐变淡。此外，日常饲养中如受到惊吓或水质环境发生突然变化时，其裙尾的浓黑色会迅速变浅或完全消失。但当环境安静后，裙尾的黑色又会慢慢加深，逐渐恢复原色。

生活习性

　　性情活泼而温柔，能与多种灯鱼共同混养，黑裙鱼对饲养条件不苛刻。黑裙鱼对饲料要求比较随和，各种动物性饵料、人工饲料均可投喂，并喜在中水层游动觅食，摄食凶，食量大，因此生长发育迅速。

繁殖特点

黑裙鱼属卵生鱼类，8～10月龄进入性成熟。黑裙鱼繁殖并不难，繁殖用水一般要求水温26℃～28℃，pH6.8～7.0，硬度为4，繁殖缸内应放置一些水草，作为卵附着物，缸底不必铺砂。将发情的雌雄鱼按2:1或3:1的比例放入繁殖缸，一般第二天即产卵受精。黑裙鱼有食卵的习性，故产卵后应及时将雌雄鱼捞出另养。

黑裙鱼和同科其他鱼不同的是，黑裙鱼的受精卵孵化时不畏光，繁殖缸不用遮光。受精卵一天即可孵化出仔鱼，2～3天即会游动觅食，初喂时须投喂"洄水"喂养，逐步改喂其他鱼虫。

14 灯类品种
红管灯鱼及其饲养

别名：玻璃灯、荧光灯、闪光灯、红灯管

原产地及分布：南美盖亚纳的埃塞圭河

成鱼体长：4.0～5.0cm	**性格**：温和	
适宜温度：23℃～28℃	**酸碱度**：pH 6.0～7.5	
硬度：4°N～18°N	**活动水层**：底层	
繁殖方式：卵生		

红管灯透明的身体中轴有一橙色条纹从吻部直伸到尾鳍，背部黄铜色，腹部浅白色，眼睛虹膜上半部为淡红色，在灯光的照射下比较显眼，随着成长原本半透明的鳍会逐渐出现橙色斑纹，使鱼更加艳丽。

性情温和，易饲养，不挑食，可喂于活体、干燥饲料、薄片等，喜弱酸性的水质，因其体型小，混养时应多种水草，以避免被其他大点的鱼吞噬。

15 灯类品种
七彩白云山鱼及其饲养

别名：越南玫瑰灯、锡兰红尾灯

原产地及分布：亚洲越南边海河（River Ben Hai）

成鱼体长：3cm　　　　**性格**：温和

适宜温度：22℃~28℃　　　**酸碱度**：pH 7.0~7.5

硬度：13° N　　　　　　**活动水层**：中层

繁殖方式：卵生

　　七彩白云山鱼栖息于水流快速且具有砂质底部的河川与溪流。体侧有明显的金黄色线及较粗的黑线。眼眶上部发出闪烁的金色，体色偏香槟色。尾鳍带有如玫瑰般的血红色，尾鳍基部有黑色斑点。背鳍边缘带白黑边，腹鳍及臀鳍边缘带红黑边。

　　公鱼体色明显，母鱼不明显，为杂食性小型鱼类，以浮游动物和腐殖质为主食。

灯鱼购养指南

如果你想买鱼，建议多看几家再决定，最好不要在卖主进鱼时去买，能等上一两天让受伤的鱼死得差不多后再去买。

选鱼时要注意以下几点：

①看鱼的游姿是否平稳。

如果是近水面头偏上很可能是没适应水质。这种鱼绝对不要买。

②鱼的色彩是否全身均匀。

如果色彩黯淡则可能是鱼没适应水质或是得病了，不过如果鱼受了惊吓也会有这情形的。

③要选身体均匀的鱼。

注意鱼的背不能"塌"，如果塌了则可能是老鱼，而且灯鱼会得一种病，就是背部先塌下，然后是肚子变细，慢慢死掉，没得救。所以这方面在买鱼时要特别注意，不要把病鱼买回家。

有朋友说灯鱼死的原因是换水的问题，这种情况是有的，但不绝对，要看你是如何养的。根据经验，只要在灯鱼刚进你家时，把它的水适应调过来，以后基本是没什么问题的。要根据你的情况确定换水的次数，过多的老水也会让灯鱼生病或死亡。

灯鱼的特色

大家一定对它们小巧、闪闪发亮的身体印象深刻吧？它们因为体型小，为了抵御其他鱼种的攻击造就群游的特性，群游的壮观画面，在鱼缸中煞是美观。

群游的灯鱼如果能与茂盛的水草、明亮的灯光搭配，则能更显灯鱼异于其他鱼种的美感。由于灯鱼拥有以上的特点，往往使许多人产生饲养的冲动。如果单纯只养灯鱼，一般建议三尺缸最多只养80只左右，二尺缸则在30只以下会比较好。要注意的是，如果在有限的空间内饲养过多的灯鱼，或缸中太过"和平"，没有其他体型稍大的鱼种造成适当的威胁，则会出现灯鱼"逛大街"的情形，很难欣赏到群游之美。

也许很多人会问，为何灯鱼会闪闪发亮？那是色素沉淀，学术上称"鸟粪嘌呤晶体"，这些晶体累积在灯鱼的真皮层，借由灯光的照射而反射，所以看起来灯鱼总是亮的，且由不同的角度观看，因为光线折射的不同会有些许变化。不过在实际的状况下，有一个很特别的例子，就是黄金灯鱼体表底色偏金，身上带有一点点的银色小斑点，人工繁殖出来的品种身上只有带点黄金色，长大后完全消失，整条鱼就有点像是透明的，所以有学者认为，黄金灯鱼身上的"黄金"是所谓的发光细菌所附着的，跟一般灯鱼发亮的原因来自皮下的"鸟粪嘌呤晶体"不太一样。由于在人工饲养的环境中没法提供原产地的水质，所以这些发光细菌才会逐渐消失。这在灯鱼中是相当特别的现象。

🌿 灯类鱼繁殖方法

①亲鱼的选择和培育。

选用全长4cm的成鱼作为亲鱼。先挑选一尾腹部膨大的雌鱼和一尾色彩鲜艳的雄鱼分开饲养一周,亲鱼培育期间要喂给它们足量的活水,并保持水质清新。

②繁殖前的准备。

用规格40cm×30cm×30cm的水族箱作为产卵箱。将水族箱清洗干净,箱底不宜铺沙,但可铺一层小卵石,或种一些金丝草、狐尾藻,也可将水草用玻璃棒固定后沉入水底作产卵时的卵子附着物。要求产卵箱中水的pH值在5.6~7,硬度2.5~3,静置两周;也可在箱内注入三分之二蒸馏水和三分之一干净的老水。水温以保持在25℃～27℃为宜，加入半勺食盐以杀灭水中的菌类。

③产卵。

产卵箱周围保持安静，有利于增加雌鱼产卵的可能。产卵箱要放在阳光不能直接照射到的地方，箱的三面用纸遮好，避免光线射入。在强光下黑莲灯鱼的受精卵发育不良。通常于晚间将仔细挑选过的亲鱼按"雌∶雄= 1∶1"投入产卵箱。亲鱼入箱前一天停止投饵，让它们将排泄物排干净，以免尔后污染产卵箱水质，临入箱前再把亲鱼喂饱。一般于次日清晨或隔1～2天的清晨产卵。在产卵前，雄鱼围绕着雌鱼游动，似作求爱状，然后双双进入浓密的水草丛间，互相挨紧，随后雌鱼开始产卵于金丝草上，雄鱼靠在雌鱼体旁射精。受精卵微带黏性，黏附于水草上或沉落在产卵箱底，产卵持续时间约1.5～2小时。黑莲灯鱼有产卵后自己吞食鱼卵的习性，故亲鱼产卵后应立即将其捞出另行喂养。一对亲鱼每次繁殖可产卵50～200粒左右，但其中有一部分卵未能受精。有时放进产卵箱的雌鱼不发情，不接受雄鱼的追求，不让雄鱼亲近。遇到此种情况，应将雌、雄鱼暂时分养，并喂以活饵，过几天（约7～8天）再将其重新投入产卵箱，并增添1～2尾雄鱼，使雌、雄鱼之比为：1∶2～1∶3。经这样处理后，一般第2～3天即可开始产卵繁殖。

④育苗。

黑莲灯鱼的受精卵对光十分敏感，若不采取遮光措施，孵化率和幼鱼成活率都将受到影响，因此要让受精卵在黑暗中孵化。受精卵在水温25℃～26℃的条件下，约经24～36小时出膜。刚孵出的仔鱼身体极细小，呈透明状，吸附在水草或箱壁上。此时仍应注意遮光，因为仔鱼尚未摄食，体能很有限，若有强光刺激，蹿动几下即告死亡。但此时可揭开部分黑纸，仅让少量光线透进产卵箱。在光线强度勉强能看得见物体的情况下，将白色死卵全部消除掉，否则会败坏水质，使刚孵出的仔鱼在3～4天内全部死亡。孵出的仔鱼第一天卧在箱底；第二天以后陆续黏附在箱壁上，头上尾下作悬挂状；到第4～5天仔鱼的卵黄囊消失，开始水平游动，并从外界寻找食物。此时，逐步撤除遮光的黑纸，让微弱的散射光透进产卵箱，并开始投饵。由于仔鱼游动能力弱，食料必须到嘴边才能吞进，因此开口饲料要用细筛滤取的"洄水"或人工培养的纤毛虫、轮虫和浮游动物的幼体等。每天投喂4～5次，每次投饲量要少，以免残饵多而败坏水质。以后可随鱼体长大，逐渐添加个体较大的活饵料，如小型枝角类、草履虫、丰年虫无节幼体，但绝不可投喂剑水等，否则会伤鱼。仔鱼孵出一周后，可把产卵箱逐渐向明亮的地方移动，并注意保持水质清新（经常用橡皮管吸除沉积于箱底的残饵和混浊水)，再用放置多天的水通过细孔喷壶替换部分水温相同的饲养水，以保持水质清洁。

⑤日常管理。

　　黑莲灯鱼的幼体呈银灰色，在起初的两周龄内不爱活动，多数时间停留在水草的茎叶间。3周龄时开始变色，体侧有金属光泽，眼睛上出现黑色条纹。到1个半月龄时，幼鱼的色彩已定型，和成年鱼完全一样，此时可将它们从产卵箱中移至宽敞的水族箱进行正常饲养。6~8月龄的鱼可达性成熟，繁殖周期为60天左右，一年可繁殖多次。

　　饲养期间，如果水质不洁幼鱼容易受细菌感染，症状是从黑色霓虹纵带部分开始发炎，进而扩散至发光的金色纵带部分，甚至全身失去光泽，最后死去。这种病有传染性，发现病鱼应立即捞出消灭，并注意观察其他鱼的情况。治疗方法是在水中加入土霉素1~2片。

❄ 温度

　　一般灯科鱼所适合的水温在22℃~28℃之间，只要把温度维持在一定范围内，要养好灯科鱼并不难了。温度的调整除了冬天须使用加温棒外，换水时也须将备换的水加温至等同于水族箱内的水温。至于夏天可使用冷却机、冷却扇或投入冰块来调整温度，甚至可以不用特别降温，灯鱼也会好好地活在您的鱼缸之中的。水温高时溶氧量会大幅降低，若饲养密度较高，则须密切注意灯鱼是否有集体浮头的现象，这种情形尤其常见于春末夏初的5月，天气突然变热，饲主须多加留意。必要时须辅以打气泵增加溶氧量。秋季转冬季的11月，昼夜温差大，灯鱼最常见的疾病就是白点病了。

❄ 混养

　　灯科鱼的性情非常温和，所以完全不用担心它们会攻击其他的鱼种，能够与之混养的鱼种有孔雀、斗鱼、短鲷、丽丽、七彩。不过最好注意一下，部分灯鱼会有追鳍的现象，像孔雀尾鳍硕大，游动起来摇曳生姿，很容易被较为活泼好动的灯鱼所追逐，或者啃噬。也许大家会质疑：短鲷及斗鱼不是领域性、攻击性很强吗？只要稍有经验的水族饲养者，大多都会发现，实短鲷及斗鱼只会对同种的鱼类有攻击性，对于可爱的灯鱼常常视若无睹呢！至于不能混养的有龙鱼、大型美洲慈鲷、三湖慈鲷等等较大型、凶残的鱼。较有争议的就是神仙鱼了，偏偏一般新手很容易会将灯鱼与这种优雅的鱼一起饲养，其实在神仙鱼还未成鱼之前，神仙鱼顶多追逐灯鱼而已，但是要是成鱼之后，神仙鱼便将其大啖一口，灯鱼便成了食物，这点需提请想将灯鱼、神仙鱼混养的朋友注意。

🌊 疾病

其实灯鱼的疾病不多，灯鱼的死亡往往是混养不慎、环境不适所造成。疾病方面最常见的是白点虫所引起的白点病了。白点是一种寄生虫，会由体表钻入表皮层，到达真皮层时开始吸食鱼身上的营养。白点病通常出现在换季时温度不稳或是换水时造成的水温急遽变化，在鱼体的抵抗力降低时，病源有机会入侵。病状是鱼只会因为感到搔痒而摩擦底砂，且体表上有明显的白色小圆点。

当然，预防重于治疗，平时密切注意水温的变化即可有效预防。若不幸得了白点病，首先应迅速隔离，再将病鱼治疗缸的水温调到30℃，加入适量的治白点药剂，通常为驱虫药，不到一个星期即可痊愈。切记一点：此症状虽非不治，但千万不能拖延，且传染性甚强，若蔓延全缸并使鱼儿全身长满白点就无法医治了。

另外常见在脂鲤科的病还有霓虹灯病，是在小型脂鲤科特有的疾病，目前并无专门的特效药来医治，事实上这些灯鱼也都还可以继续活在缸里，不过一阵子后就很难看到踪影了，死亡之前不会有什么痛苦挣扎的征兆。

神仙鱼系列品种

如红七彩、蓝七彩、条纹蓝绿七彩、黑神仙、芝麻神仙、鸳鸯神仙、红眼钻石神仙等，它们潇洒飘逸，温文尔雅，大有水中神仙的风范，非常美丽。

神仙鱼鱼体侧扁呈菱形，宛如在水中飞翔的燕子，故在我国北方地区又被称为"燕鱼"。

神仙鱼性格十分温和，对水质也没有什么特殊要求，在弱酸性水质的环境中可以和绝大多数鱼类混合饲养。唯一值得注意的是鲤科的虎皮鱼，这些调皮而活泼的小鱼经常喜欢啃咬神仙鱼的臀鳍和尾鳍，虽然不是致命的攻击，但是为了保持神仙鱼美丽的外形，还是尽量避免将神仙鱼和它们一起混合饲养。

经过多年的人工改良和杂交繁殖，神仙鱼有了许多新的种类，人工改良的神仙鱼种的分类，可依尾鳍、条纹、色彩或鳞片之变化从花色上分类。

根据尾鳍的长短分为：短尾、中长尾、长尾三大品系。

而根据鱼体的斑纹、色彩变化又分成好多种类，在国内比较常见的有：白神仙鱼、黑神仙鱼、灰神仙鱼、云石神仙鱼、半黑神仙鱼、鸳鸯神仙鱼、三色神仙鱼、金头神仙鱼、玻璃神仙鱼、钻石神仙鱼、熊猫神仙鱼、红眼神仙鱼等等，最近在国外比较风行的埃及神仙鱼在国内还不多见。

神仙鱼品种

七彩神仙及其饲养

别名: 铁饼、七彩燕

原产地及分布: 南美洲亚马逊河流域及贝伦地区

成鱼体长: 10~13cm	**性格:** 温和
适宜温度: 26℃~30℃	**酸碱度:** pH 4.3~6.0
硬度: 0° N~4° N	**活动水层:** 中层

繁殖方式: 卵生

　　七彩神仙鱼的体色艳丽多彩,有以蓝色为主的蓝七彩神仙鱼,以红色为主的红七彩神仙鱼,以棕色为主的棕七彩神仙鱼,以黄色为主的黄七彩神仙鱼,并配有多种颜色的条纹与斑点衬托点缀。由于花色的繁多,色彩的艳丽,从而博得了热带鱼之王的称号。

神仙鱼品种

大神仙鱼及其饲养

别名: 大神仙鱼、叶鳍神仙鱼、天使鱼、燕鱼

原产地及分布: 南美洲秘鲁

成鱼体长: 12~15cm	**性格:** 温和
适宜温度: 23℃~29℃	**酸碱度:** pH 5.3~7.6
硬度: 0° N~18° N	**活动水层:** 顶层

繁殖方式: 卵生

　　大神仙鱼体态高雅、泳姿优美,虽然它没有艳丽的色彩,但是,受水族爱好者欢迎的程度是任

何一种热带鱼无可比拟的，似乎还没有发现一个饲养热带鱼多年的爱好者没有饲养过神仙鱼的事例，神仙鱼几乎就是热带鱼的代名词，只要一提起热带鱼，人们往往第一联想就是这种在水草丛中悠然穿梭、美丽得清新脱俗的鱼类。

神仙鱼品种
3 红目钻石神仙鱼及其饲养

原产地：南美洲亚马逊河	**成鱼体长：**10~15cm
饲养水温：22℃~26℃	**繁殖水温：**27℃~28℃
水质：弱酸性软水	
饵料：鱼虫、红虫、颗粒饲料等。	

红目钻石神仙鱼属慈鲷科，体扁圆形，眼睛鲜红色，体色银白，体表的鱼鳞变异为一粒粒的珠状，在光线照射下粒粒闪光，散发出钻石般迷人的光泽，非常美丽。

亲鱼自由择偶，配偶关系固定，一对一缸，不再分开。属卵生类，雌鱼每次产卵300~500粒。红目钻石神仙乃是钻石神仙的白子，除了红眼睛的特色之外，其体表则闪耀着如钻石神仙

般但较细致收敛的光彩，感觉非常柔美清新，可说是相当别致的神仙鱼改良品种。

4

金头神仙鱼及其饲养

原产地: 南美洲亚马逊河、圭亚那等地

成鱼体长: 10~15cm

饲养水温: 22℃~26℃   **繁殖水温:** 27℃~28℃

水质: 微酸性的软水

金头神仙鱼属慈鲷科,背鳍挺拔高耸,臀鳍宽大,扁圆盘形。腹鳍是两根长长的丝鳍,全身银白色,唯头顶金黄色而得名。

雄鱼体大,头顶圆厚凸出;雌鱼体小,头顶平直。亲鱼自由择偶,配偶关系固定,属磁板卵生鱼类,雌鱼每次产卵500~600粒。选用10×15cm的绿色塑料板,固定在10cm高度的支架上,放入种鱼繁殖缸中作产巢。

5

皇冠神仙鱼及其饲养

皇冠神仙鱼有长短尾型,包括纱尾型的个体。有些皇冠神仙的体纹与大理石神仙相似,但比较之下就很容易区分出来,因为其身上的黑白体纹之分布比大理石神仙少得多。

6 银鳞神仙鱼及其饲养

有如披银缕衣般，全身银白的外观相当纯洁无瑕，闪闪发亮的点点光芒则更加显得高贵动人。如此屏人气息的"佳人"，想不光彩夺目都难!

7 玻璃神仙鱼及其饲养

此品种的改良品尚有黑玻璃神仙、三色玻璃神仙及金玻璃神仙等。此鱼在幼鱼时期由于鳞片的缺失，而使得外观呈现有如透明般的新奇，几乎可完全透视其内部构造，故称之为玻璃神仙。不过长大后的个体体表透明度会渐渐消失，只有银色的鳞片分布。

8 虎皮神仙鱼及其饲养

虎皮神仙身上的花纹有如老虎的体纹一般，所以也是相当特殊的神仙鱼改良品种之一，其体纹约成块状或弯曲条纹分布，并点缀些许的小点纹；以此可与斑马神仙及豹点纹神仙加以区分，此外，虎皮神仙的背鳍及臀鳍也相当挺拔，非常吸引人。

9 三色神仙鱼及其饲养

这是相当美丽独特的品种，其体色可明显区分出三个色系，因而称之为三色神仙。其头部具有金黄至橘红的色块，银白的体色上布有不规则的黑色斑纹，整体观之非常吸引人。目前有短尾、长尾及纱尾型的三色神仙。

10

黑神仙鱼及其饲养

别名: 黑燕

原产地及分布: 南美洲亚马逊河

成鱼体长: 10~15cm

饲养水温: 22℃~26℃

繁殖水温: 27℃~28℃

　　属慈鲷科。圆盘形侧扁。全身漆黑如墨,体色鲜亮,是神仙鱼中较著名的品种之一,喜弱酸性软水,亲鱼性成熟6~8个月,雄鱼个体较大,头顶圆厚微凸,雌鱼头顶平直,亲鱼自行配对,配偶关系固定,雌鱼每次产卵100~200粒,约0~12天进行第二次产卵。仔鱼48小时孵出,7天后可游水觅食。

11

灰(蓝)斑马神仙鱼及其饲养

　　与斑马鱼比较相似,只是身色偏灰,色彩对比强烈,具有蓝绿色金属光泽,各鳍花纹也更加清晰华丽。而且本种神仙眼睛虹膜为红色。

12 神仙鱼品种
红顶神仙鱼及其饲养

此鱼的特色便在于其头顶部分有一块相当鲜明的红斑，因而谓之红顶神仙。此品种目前发展出有红顶金神仙、红顶大理石神仙和红顶皇冠神仙三种，算是新近改良的神仙鱼品种。

13 神仙鱼品种
金神仙鱼及其饲养

金神仙的体表散发银白色的光泽，而各部鱼鳍及身体则闪耀着金黄色的光芒，是相当美丽动人的神仙鱼种，此鱼长短尾型皆有，其中尤以长尾金神仙更受到大家的喜爱。

14 神仙鱼品种
钻石神仙鱼及其饲养

闪闪发光的钻石无人不爱。此种神仙鱼体表鳞片散发有如银白熠熠的钻石光华，更受众人的喜爱。此改良种目前以短尾者居多，已发展出的品系有钻石大理石神仙、钻石皇冠神仙、钻石金神仙等，但几乎全是由国外引进的。

15 神仙鱼品种
珍珠鳞金神仙鱼及其饲养

此品种宛如穿着缀饰有珍珠色钻石外衣的金神仙一般，其体色分布与金神仙类似，但体表却多蒙上一层熠熠的珍珠光泽，如此集黄金、珍珠与钻石光彩于一身的神仙鱼，真可说是得天独厚了。

16 神仙鱼品种
埃及神仙鱼及其饲养

别名: 横纹神仙鱼

原产地及分布: 南美洲委内瑞拉南部的Orinoco
河、巴西的尼格罗河、哥伦比亚

成鱼体长: 10~15cm

适宜温度: 24℃~28℃

酸碱度: pH 4.5~7.0

硬度: 0° N~18° N

性格: 温和

活动水层: 顶层

繁殖方式: 卵生

　　埃及神仙鱼的体色银灰中带浅黄,背部黄色较深,腹部较浅且在背部有小的棕色斑点,体侧也有4条垂直黑条纹。黑眼珠红眼圈,额头的角度较一般普通的神仙鱼高,因此嘴巴显得略为上翘。它们的背鳍和臀鳍的高度相较一般普通的神仙鱼而言,也显得格外高而修长,当其鱼鳍完全伸展的时候,整体的感觉就会显得分外雍容高贵,而且野性的味道十足,具有令人无法抗拒的魅力。

　　外形与神仙鱼相似,但体形较大,长可达15cm,

　　埃及神仙鱼喜弱酸性软水,溶氧量丰富,水域宽阔,有阔叶水草和较好的光照条件,饵料鲜活,也吞食鱼苗。大神仙鱼爱静,易受惊,受惊以后,对侵犯干扰能迅速作出愤怒抗争的反应。有时爱欺侮不同种类的神仙鱼、小鱼等,故不宜混养。

　　繁殖较难。

※ 七彩神仙鱼外形特征

　　七彩神仙鱼侧视呈卵圆形，侧扁，被圆鳞，鳞由真皮层生出，并相互交错，将身体躯干全部覆盖。裸露在外的鳞片，其边缘圆而薄，加之鱼体的皮肤能分泌出黏液，使体表虽有鳞片却平整光滑，既能保护鱼体免受微生物的伤害，又能减少游泳时的阻力。鳞片颜色艳丽悦目，是重要的观赏部位，这些色彩是由皮肤色素细胞生成，色素细胞内含有多种色素和反光物质，主要是黄色素、红色素、黑色素和鸟粪素等。口小，能伸缩。唇厚，头部两侧各有一个鼻孔，下颚线条圆润。

　　侧线中断为二，上侧线从鳃孔上方至背鳍鳍条部后下方，下侧线在上侧线后下方。在侧线通过的每个鳞片上都有1个小孔，孔内有侧线管，管内有液体和神经，可将外界的信息传递给脑。侧线是一种感觉器官，传感水流、水压和方位。观赏七彩神仙鱼长期在水族箱、鱼缸等小水体中饲养，加之热带鱼体色斑斓，故其侧线不甚明显。背鳍基部长，鳍棘部与鳍条部相连，中间五缺刻，尾鳍呈扇状，纵列鱼鳞有48~62片，背鳍硬棘有7~12根，鳍条有30~31条，臀鳍也由硬棘和鳍条组成。

　　随着世界各地"神仙鱼迷"对该鱼的不断繁殖和培育，它的品种越来越多，色彩也越来越丰富，渐渐地名称也升级为"七彩神仙鱼"，像野生七彩、棕七彩、蓝七彩、绿七彩、黑格尔七彩、皇室蓝七彩、皇室绿七彩等。甚至还有人戏称，说不定再过几年，它就要改称为"九彩神仙鱼"了。

　　虽然七彩神仙鱼的品种分为四类，但是其中的区别并不容易描述清楚。对七彩神仙鱼的爱好者而言，仍须对此四类加以区分。

　　第一类是黑格尔七彩神仙鱼。此种鱼身体中央具有较浓的第五条暗色纵带，第一条和最后一条的暗色纵带也有其明显的特征。黑格尔七彩神仙鱼的体色非常精美。

第二类是棕七彩神仙鱼。20世纪60年代至70年代，所捕获的此种野生七彩神仙鱼受到人们广泛欢迎。它的体色为由深至浅的棕色，在头部、背部及腹鳍上还有蓝色的条纹，胸鳍通常带有红色，另外眼睛上还有垂直的线条。不过，一般人仍认为它最明显的特征是在尾鳍。一般来说，所有捕获的野生七彩神仙鱼，其眼睛都可能会由红色转变为橘红色，再转变为黄色。但是人们往往会以七彩神仙鱼红色的眼睛作为品种改良的目标。

第三类是绿七彩神仙鱼。普通的绿七彩神仙鱼带有些棕色，在背部与腹部有绿色的线条环绕着。在今天，只要是七彩神仙鱼身上所布满的线条呈现绿色或绿钻石色，即被称为"帕勒格林七彩神仙鱼"或"皇室绿七彩神仙鱼"。此种鱼最引人注目的特征在于它的第一条和最后一条垂直黑纱及身上布满了红点，特别是在腹部。

第四类是蓝七彩神仙鱼。其体色与棕七彩神仙鱼是同类型的，一般头部呈现紫色，长长的蓝色线条布满头部、腹部和背部。如果全身皆呈现出蓝色，就称之为"皇室蓝七彩神仙鱼"。

◈ 七彩神仙鱼生活习性

在自然环境中，七彩神仙鱼主要栖息于环绕巴西、哥伦比亚和委内瑞拉的热带雨林的河流中。在广大的雨林中有很多的河流，依据这些河流水的颜色可分为"白水"、"黑水"和"清水"三种类型。最著名且最大的白色水河流就是亚马孙河，清澈的河流是黑欧特帕耶和里欧克什格河，而黑水河流则以里欧尼格罗和里欧库奴奴河最为闻名。七彩神仙鱼胆小，受惊会疯狂似的躲躲到水族箱角落的黑暗处，竖立着背鳍，鱼体表面上的黑色竖条纹清晰可见，甚至可以清楚地数出来几条纹线。如果你的七彩神仙一直如此紧张兮兮，惊惶失措地保护自己，那么这个病症将会使你与鱼同时都"阵亡"。七彩神仙是如此害羞，易受惊吓该怎么办呢？首先，你必须认识七彩神仙的行为表现。七彩神仙在所有热带观赏鱼中算得上是最温驯平和的大型慈鲷鱼类，它的安定性相当之高，而且喜欢"搞小团体"，和同种七彩神仙群游在一起，互殴打架受伤的情节也鲜少上演，它们的游姿动作是宁静雅致的，而当危险来临时，它们总是惊骇地闪躲到暗处。因此，培养人与鱼之间的熟悉与信赖感是必须的，一旦信赖的亲密关系建立，就会发现七彩神仙不再是敏感易受惊吓了，它们对周围环境、对主人是那么的友善热情。许多水族爱好者曾说，红龙之所以风靡，除了中国人爱龙的心理之外，最重要的是龙鱼极易与主人建立感情，可以训练直接自主人手中取食。事实上七彩神仙也有这种特性，就看驯养的手法了，而最重要的工作就是消除令七彩神仙紧迫不安、神经敏感的环境条件了。水质条件不适是导致七彩神仙敏感紧迫的主要诱因。根据长期的追踪七彩神仙感染原生虫病或鳃虫病的初期所表现出来的行为，就是敏感易受惊吓；水质条件不适合或是水中毒素的累积过多也会导致神经敏感。因而，一旦发现七彩神仙有这样的行为，就该当作是一个警告指标，赶紧检测水质并观察七彩神仙是否生病。养鱼的人与鱼的心灵无法沟通，没有任何感情的培养，很快就会放弃这个嗜好；再者鱼只长期处于紧迫的状态下，色泽不艳丽、食欲不佳、无法成熟产卵繁殖，更糟糕的是患病连连甚至死亡；当然鱼都死完了，水族箱也就收起来不玩了。

七彩神仙游动缓慢，易受惊吓，人们从未在主流河段发现过七彩神仙鱼，而在人迹稀少而静谧、几乎没有暗流的支流和上游区域及小湖泊中可以看到它们的踪影。它栖息在水流缓慢的河边，或者是静水弓形湖边。河岸倾斜到一定的深度(1.5~2.5m)，并含有尽可能多而且稠密的木材沉积物，在其旁边能见到落进水里的树梢，这才是七彩神仙鱼适宜生存的"家"。有了木材的保护，才能使七彩神仙鱼免遭埋伏在空旷水域里的凶猛动物的侵袭。在水面下1m处水温是30℃，而在4~5m以下则变成23℃~25℃。原始种七彩神仙鱼大都栖息在水深3~5m的地方，只有在入夜渐渐凉爽后，才会浮出水面捕食河虾、鱼类的卵、蚊子、昆虫和浮木边的木耳等。

野生七彩神仙鱼的主要食物是河虾、昆虫的幼虫、鱼类的卵和浮木边的木耳等，而人工养殖的七彩神仙鱼则以投喂配合饵料为主。野生七彩神仙鱼的年龄在4~5龄时最具欣赏价值，个体像成人张开的手掌那么大，闪闪发光，令人惊叹。

七彩神仙鱼繁殖习性

　　自然界中的七彩神仙鱼一般都是通过自择配偶的方式配对，亲鱼产卵前，雌雄鱼共同将产卵场进行"清整"。产卵时，雌鱼将带有黏性的卵排出体外，黏附在附着物上，雄鱼立即排精使其受精。产卵结束后，亲鱼有看护鱼卵的习性，雌雄亲鱼轮流护卵，如果鱼卵中出现"白卵"，亲鱼会将其吃掉。在30℃的温度下，受精卵需要55~66小时的孵化期，受精后24小时，可以在受精卵中看到一个小黑点，48小时后看到眼睛，60小时后雏鱼伸出尾巴，当仔鱼的卵黄囊消失后，雏鱼便会游到亲鱼的身旁，黏附在亲鱼身上，去吃亲鱼身上分泌出来的黏液。

　　七彩神仙鱼在繁殖期，由于体内内分泌的影响，体表分泌黏液增加。形成一层厚厚的高蛋白质黏液膜，可维持7~30天。这些高蛋白质物质是雏鱼的最佳食物，如果雏鱼吃不到这些物质，就会死亡。出于本能，雏鱼会努力靠近亲鱼，附着在亲鱼身上，因此常常可见到雏鱼挂在亲鱼身上的景象。

七彩神仙鱼选购和器皿使用及管理

　　七彩神仙鱼价格较贵，主要是因为它的投资成本高，因为这种鱼属于高温高氧鱼，对水质和饵料的要求都较为苛刻，饲养起来非常不容易，至于说纯种繁殖，那就更物以稀为贵了，在同一品系中甚至在同一胎鱼里，七彩神仙鱼绝对是属于有价格差异的鱼种，因此如果发生不同店面贩卖同一品种的七彩时，千万不要被价格差距给误导了，因为两种鱼彼此之间有可能等级不同，有可能甚至连品种都不同，所以挑选七彩神仙鱼千万不能以价格高低来取舍。

　　购买七彩神仙鱼最好选购6.5cm至13cm的小鱼，因为此阶段的鱼价格较便宜，也易于日后饲养。一般来说，买鱼应该首先选择到口碑好、信用佳的水族专卖店里去购买；待选定自己喜欢的品种后，要仔细观察鱼儿是否健康活泼地到处游动，是否会表现出积极的索饵状，眼睛与身体比例是否正常，在这里要注意，鱼的眼睛越小、越红最好，这表明它的成长与照顾没有问题；另外，要注意观察整群小鱼中带头的前几只，因为它们往往是最佳的购买目标。

　　在所有观赏鱼中，似乎七彩神仙最注重日常管理，要养好七彩神仙鱼，必须建立良好的观念和习惯才能将七彩神仙鱼之美发挥到极致，杂乱无章的管理再加上错误的观念，不但会使你的鱼缸中七彩神仙鱼逐渐消失，最后更会让你对七彩神仙鱼敬而远之。并不是七彩神仙鱼难养，而是饲养前应先确定未来理想的目标，请教专业人士或收集、弄懂了相关资料以后，然后再来饲养；饲养过程中要依照鱼缸中的七彩状况及时调整养殖方案，以求顺利达到自己的目标。

饲养七彩神仙鱼要准备鱼缸、过滤器、生化棉、加热棒和日光灯、气泵等必须的器材和设备。

鱼缸：一般来说，1cm鱼至少需要1公升水来养，鱼才有足够的活动空间，过大或过小都不合适。中鱼或成鱼的繁殖缸建议采用长、宽、高分别为120×50×45（cm）的规格，种鱼繁殖缸建议采用长、宽、高分别为50×50×45（cm）的规格，这几种规格的缸适合养殖，能合理利用空间，便于管理。

气泵：七彩神仙鱼对氧气的需要量较大，因此，保证水中有充足的溶解氧十分重要。实际工作中要根据渔场面积，鱼缸数量、鱼的数量和大小选择气泵。国产泵价格便宜；进口泵价格较高，但持久耐用，几乎无噪音。

加热棒：饲养七彩神仙的水温一般以28℃～30℃为宜，如果长期低于28℃，七彩神仙鱼的免疫能力会受到影响，寄生虫和疾病迅速的侵入鱼体，对鱼造成伤害。自然条件下一年四季很难达到这一要求，所以要用加热棒，特别是北方地区，养七彩神仙几乎离不开加热棒。

选择加热棒时一定要选择质量可靠的产品，不能因出现故障不加温或持续不停的加温将鱼缸煮沸。无论使用何种加热棒，要经常观察水温的变化，以防不测。

过滤器：过滤器是养殖七彩必备器材之一。七彩使用过滤器已经十分普遍，常用的有上部过滤器、外置式过滤器、桶式过滤器、滴流式过滤器、海绵式过滤器等。

一般过滤器常用的滤材有：白色过滤棉、生化球、陶瓷环、活性炭和海绵过滤棉（俗称水妖精）等。

海绵过滤棉分为附壁式和立式二种海绵过滤器，是采用气举动力，出水量小，培养消 化细菌能力较强，最适合繁殖缸和鱼苗等小水量鱼缸。

照明设备：七彩神仙鱼对灯光要求不高，一般15㎡的渔场有一个40w的灯泡就足够了，但在繁殖缸上应再加一个小灯作为长明灯，一是避免开关瞬间给七彩神仙鱼带来惊吓，二是有助于仔鱼附着在种鱼的身上，防止大鱼伤及仔鱼。可选择10～40w不等的规格。

温度计：饲养七彩神仙鱼的鱼缸中一定要有一支精确易读的温度计，放在明显易看的位置上，以使你能经常观察到水温的变化情况。

打氧装置：七彩神仙鱼不需要较高的溶氧量，鱼缸中仍应随时有着饱和的氧气。而鱼缸的打氧装置提供了多项功能，最重要的当然是确保鱼缸中的生物能获得充足的溶氧量，另外也可以避免鱼缸中的水温出现分层状态，因此，气泡石应该置于加热装置附近，如此可确保热源能均匀分散到各个角落。

水质测试：饲养七彩神仙鱼应随时观察水质的pH值、亚硝酸盐等指标的变化，尤其是pH值。理论上讲，七彩神仙鱼适宜水质pH值在6.0～6.5之间。实际上，由于七彩神仙鱼的进化和它有较强的适应能力，各地区甚至同一地区对这指标的看法也不一样。我们东北地区如：大连、鞍山、长春、哈尔滨等城市对pH值的把握都不一样。这不是说七彩神仙鱼对pH值要求不严格，要求是相对同一地区、同一渔场、同一只鱼而定的，这就是"实践出真知"（让鱼去适应你，你别去适应鱼）。pH值在7.9～8.4之间繁殖仔鱼，在七彩神仙鱼理论上是说不通的，港台地区有水族专家根本就不相信这一现实。在北方地区繁殖七彩神仙鱼的pH值在6.0～6.5之间好，还是7.9～8.4之间好，这一问题有待专家们进一步分析，才可得出结论。

关于养水的量，建议是饲养七彩神仙鱼总水量的一倍，如果条件受限，至少也要有1/2的养水量，以备突发状况使用。

简易的养水法：在准备好的养水缸（槽），利用强力空气泵，经由气泡石产生强力气泡流，带动水体均匀滚动，达到气曝作用，将水中残留氯及氮、二氧化碳排出，气曝时间最少要16小时以上，才能有较好养水效果。

如果在连续下了数天的雨后想换水，最好是换水时再加些水质稳定剂或再曝气多个6～12小时是比较能令人安心的。

如果养很多缸而无法储存足够养水量，不妨在自来水与养水缸之间多加些配备来弥补养水不足的缺憾。其方法如下：

①加装前置过滤组。

此种过滤组为一般家庭常使用的水质过滤器，不需加装动力马达靠水压即可，拆组串联都方便，使用时建议至少两支以上，第一支为10Micron滤棉蕊，可滤除水中悬浮杂质，第二支为活性炭蕊，可滤除水中氯气、重金属、残余农药。如果条件许可的话可串联4～6支为一组，效果自然更好。

②活性炭塔。

在市面上可在水质处理公司购得，购买时须先考虑要处理的水量，再决定购买炭塔大小，另外得注意塔内填充为何种活性炭，因为质地好的活性炭，其处理的总水量与效果有相当大的差异性，好的活性炭能强力吸附氯、重金属、残余农药、对鱼有毒害的化学物质、脱色、除臭、处理水量大，反之则否。

③阴阳离子交换树脂。

其最主要功能是软化水质，一般使用离子交换树脂多为阳离树脂，因为其价格较低廉，功能为吸附钙与镁，而阴离树脂为吸附硫酸根、硝酸根、碳酸根及碳酸氢根，但价格较贵，二者同时使用可处理水质硬度、导电度均为0的纯软水。

④R.O.逆渗透。

对七彩神仙而言，甚至对各种生物而言，用R.O.所产生的纯水来饲养，是弊大于利的。R.O.的基本原理是把一个水分子强迫挤过一个有更小孔隙的滤膜，使此水分子得以净化，杂质排除在外。因为从出水口出来的水是如此纯净，所以一些七彩神仙鱼所需的物质也都不存在于水中，如此，若要再添加微量元素，则似乎又不合经效益，所以并不建议使用。如果有其使用上的必要，建议以纯水混合养水达到所预定的电度来使用较妥当。例如繁殖缸则调到70μs较好，小鱼养成缸则调到200μs较好。以台湾水质条件而言，愈往南所用之设备可以逐项增加，但仍以使用到阴阳离子交换树脂就很够用了。

有人说："不用养水就把七彩神仙鱼养得很好，为何要养水，增加麻烦。"如果真是如此，建议您能进行养水的步骤，相信更能突破瓶颈，把七彩神仙鱼养得更好，而所做的动作和所得到的收获相信会使你更有成就感。

水质处理：饲养观赏鱼有一句名言"养鱼先养水"，这对七彩神仙鱼养殖来说更为重要。养水分为两部分，一是进入鱼缸之前的水处理；二是鱼缸中的水质控制，就是过滤和管理系统。

最简单的水处理系统主要的目的是将自来水中的氯气及其他不必要的杂质去除，自来水与养水缸之间可自己安装一些设备来养水。常用的方法是加装中心、前置过滤器，随着工业化的发展，自来水水质因环境的污染变得更加不适合养七彩神仙鱼了，所以加装中心、前置过滤器是很重要的。现在养鱼主要水源还是自来水，但自来水中含有大量的氯和其他化学物质，必须经过处理才能用来养七彩神仙。一些较专业的彩友都专门准备一个养水缸，在养水缸的进水口设置一过滤盒，里面配上过滤棉和活性炭，自来水经过这一道处理后，水质会变得澄清，不然直接将自来水注入养水缸，其水质白浊，以后再处理就比较麻烦。如果没有条件装备养水缸，那么可以采用七彩专用除氯剂或水质稳定剂处理，换水量较少是没问题的。北方地区原来大量用电渗析处理水技术，近年来，逆渗透处理水技术迅速发展，也大量运用于七彩养殖业。这种过滤器不需要加装动力装置，

是利用自来水压力来工作。主要由粗滤、碳滤、超滤几部分组成，拆装方便。在除去水中氯气、重金属、残余农药等方面效果明显。以前也有采用阴阳离子交换树脂、磁场处理器等方式来处理水，但效果不如逆渗透方法明显、快捷。

换水方法：七彩神仙是一种对水质要求非常高、对水质变化非常敏感的鱼，因此养彩需要将饲养缸内的水质控制在相当稳定的水平。尤其是采用裸缸养彩，虽然优点突出，但水质的变化比较剧烈，控制不好很容易使鱼生病，或者养不出高品质的七彩来。

换水对于裸缸养彩是一个非常重要的步骤，但换水的根本目的是保持水质的稳定，而不仅仅是为了保持水质的澄清。因此对于换水要掌握好以下方面：

每次换水的量因根据个人情况加以控制，如有时间的话每天1/5的水，成为一种规律，对控制水质有很大作用，如没有时间的话每周两次换水1/3的水，一定要有规律。

换水的动作要缓慢，不能直接提着水桶往饲养缸里倒，应该慢慢地将新水注入饲养缸，一方面使水流对七彩的冲击控制在最低程度，一方面也使新水注入后，缸内新老水质的变化平缓进行，让七彩能够逐步适应。

七彩喜欢生活在pH值6.2～6.8的弱酸性水中，一般自来水的pH值超过7.0，要控制水质是在饲养缸内种植叶面宽大的水草，当一些叶片发黄变烂时不要立刻清除，保留浸泡一段时间，这样有利于调低pH值。因为在七彩的故乡亚马逊河流域，河床上铺满热带森林的落叶，其在水中长久浸泡腐烂，最终造就了当地的弱酸性水质。

✳ 七彩神仙鱼不同阶段的饲养和管理

小鱼期（1～5cm）：此时的小鱼喂食期是最重要的，需要2～3个小时就喂一次。小鱼一顿能吃多少为准？计算的方法是以3分钟内吃完为原则。因此喂食时先别给得太多，不够吃再给点，不要喂得十分饱，饿点有助健康。喂的食物可以为冰冻丰年虾或线虫。这时期的小鱼喂的次数多，水质一定要处理好，每天可以换两次水，换水量都在80%以上，水温控制在28℃～30℃之间。

中鱼期（4～12cm）：此时的主食是汉堡，以丰年虾赤虫为辅，喂食的次数一天可降至3次以上，由于中鱼身上的色彩逐渐扩展，所以要给它一个宽大的地方，这期间七彩成长的速度要慢些，在换水方面，每天可以在二分之一或三分之一即可。

成鱼期（12～14cm）：七彩身上的色彩要到成鱼期12cm以上才会正式表现出来，这时七彩神仙开始出现配对的情形，体色会变得更艳丽，上下鳍的黑晕轮廓加深，有占地盘的现象。这时，成鱼每天可以喂两次，以汉堡为主。在换水方面每天换三分之一就可以。

种鱼：既然被叫作"种鱼"，表示此鱼开始进行繁殖了，有一点必须切记的是亲鱼带仔是很消耗体力的，此时期应喂少量赤虫或汉堡以补充体力和降低污染。换水要靠个人的手法去做，听别人说的你就当做参考好了，只有自己去体验才是正确的。

✳ 七彩神仙鱼饲养的饵料

喂食以5～15分钟食毕为原则，吃不完即清除，以免影响水质。

汉堡：是一种自制的七彩神仙饲料，自制的汉堡每家都不一样，各有各的配方，其配料主要以牛心、虾肉、鱼肉、鱿鱼、鸡肉等再加适量的蔬菜，如：菠菜、胡萝卜、西红柿、及添加一些酵母片、螺旋藻粉，综合维生素等搅拌碎后放在冰箱里冷冻，以便随时拿出来喂鱼。

赤虫：七彩神仙最喜欢这种饵料，但活的饵料有致病的危险，最好是放在冰柜里冷冻后再喂比较安全。但要注意赤虫不能冻的时间过长。如时间过长，赤虫会因氧化而变黑，有时也会腐烂。所以要选择一些优质的赤虫冻起来最好。如果喂一些活的赤虫，必须经过杀菌处理方可使用。

细蚯蚓（线虫）：这种饵料是生长在污泥里的虫，七彩喜欢吃此饵料，但这种饵料营养价值很低，对七彩神仙的色彩有直接影响，建议少量的使用。

增色剂：目前，增色剂已成为七彩饲料中固定的一部分。不必责备这不公平的行为，因为即使在亚马逊河谷中的野生七彩也可觅到天然的增色剂，市面上有各色各样的增色剂。已调制在饲料颗粒中或作为纯粹原料，可以混合在汉堡等饲料中喂养。这种增色剂可以从自然界中提取，如螺旋藻、虾红素等。

七彩神仙鱼喂养食谱：牛心配方三则

配方一：牛心（剔除皮膜和脂肪血管）45%、鱼肉（牛肉和牛肝）虾肉35%、蔬菜（菠菜，胡萝卜也可用其他绿色蔬菜，去茎）、哮母、综合维生素酌量（可以使用金施尔康）、螺旋藻酌量，加入一定量的碘、钙、氨基酸酌量。

配方二：牛心、牛肝、虾仁、燕麦粉、小麦芽、综合维生素酌量（其中燕麦粉是用来作为黏合剂使用，而小麦芽的作用类似于酵母）。

配方三：牛心（或者少量的加入一点牛肝、牛肉）40%、虾肉和墨鱼肉50%、蔬菜（菠菜、胡萝卜）酌量、维生素（鱼用综合维生素）酌量，螺旋藻（或其他蓝藻）少量，需要注意的是，还有一些可以使用的饵料也可以掺到汉堡当中，例如：

①虾、蟹、鱼的卵，这些鱼卵对于红色系七彩的增色有很好的效果；

②薄片，适量的加入成品的薄片饲料可以使鱼在缺粮的时候可以很快的开始摄食薄片饲料，以免断粮；

③墨鱼肉，作为黏度极好的黏合剂可以适量添加；

④对于生病的鱼，可以再汉堡中添加药物，可有效治疗鱼病。

七彩神仙鱼疾病与治疗

①体外寄生虫。

症状：指环虫大量寄生引起鳃丝肿胀，贫血，呈鳃花状，鳃盖有大量黏液。治疗：福尔马林，敌百虫。

②斜管虫。

症状：斜管虫是大型钎毛虫，寄生在皮肤及鳃部，病鱼摩擦体背，出现白点，皮肤黏液增加，白色褪去，最后表皮脱落。治疗：敌百虫。

③口丝虫。

症状：七彩行动呆滞，厌食，躲于缸角，缩鳃摩擦缸壁，体表出现白色黏膜。治疗：甲基蓝，高锰酸甲，福尔马林。

④毛细线虫。

症状：寄居在七彩肠道内，破坏肠壁组织并和血液一起为食物，因此引起七彩肠道2次感染，鱼体色变暗，眼睛无光彩，食欲差，排除粪便为白色透明状。治疗：驱蛔虫片。

⑤绕虫病。

症状：绕虫主要寄居在肠道的前端，提取肠内养分，鱼体色昏暗不自然，对仔鱼影响大。治疗：驱蛔虫片。

⑥绦虫。

症状：和红虫一起进入肠道，引起堵塞，发炎，贫血，消瘦，食欲差，体色变淡，严重时，腹胀，病变。治疗：灭绦净。

❋ 水草缸与七彩神仙鱼

相信许多七彩神仙鱼的爱好者在多次面对鱼死、草枯的惨剧后，便草草收拾了水族箱，信心更是大受打击，决定不再用水草缸养七彩。要养好一缸水草真的那么困难吗？其实，鱼与熊掌是可以兼得的，只要水草、鱼、细菌能在良好的水族箱环境中构成和谐、平衡的生态系统，就是最完美的水草水族箱了。然而，影响这个小小生态系统构成的原因有许多，如鱼的数量、水质条件、水草的营养、水温等等，而且这些因素彼此之间关系密切并且相互影响着。

首先，我们看看水草缸对于养七彩神仙有什么好处。

①茂盛的水草除了达到装饰水族箱的效果外，还可以改善水质、再生水质，并能提供水族箱氧气和对抗疾病的物质，也能分解水中的有毒物质与污染物，起到稳定水质的作用。更能提供七彩神仙鱼躲藏的绝佳场所。不至于使它受到惊吓。

②水草缸的砂石对水质的变化会产生缓解的作用，也就是的缓冲水质，因此水草缸会拥有比较复杂但比较缓慢的水质变化，对经验不是很充足的养彩者来说，用水草缸养出来的七彩，至少也能维持一个中上等水准。

③水草可以杀死病原菌：这些水草的抗生素效果可能来自于水草本身，也可能来是水草的根部，都具有杀死病菌的能力。水草可以分解水中的有毒物质与污染物：水草会由环境中吸收大量的有机碳合物，并加以处理。在这些碳合物中包括有毒物质及污染物。

④水族箱的水草借光合作用释放氧气供给鱼类呼吸，另外，细菌分解残留物、排泄物亦需要氧气。水族箱若有鱼类浮头就表示水族箱的溶氧不足，若水草叶片产生气泡则表示溶氧过饱和。

⑤鱼类的排泄物及残留的饵料常分解出大量有毒的亚硝酸盐，再经亚硝酸菌转换为硝酸盐，两者都会造成水质恶化。但是水草可以分解硝酸盐，将之还原成氨作为氮的来源。另一方面，水草的根部可以释放出氧气，因而可避免水族箱底砂因进行无氧作用而变黑、败坏，同时也可避免底砂堆积沼气。

⑥有利于硝化细菌的生长。因为硝化细菌的生长只需要：一个可以附着的表面、作为它的食物的氨、富含 氧气的水、底砂不单提供了硝化菌滋生的场所，细菌繁殖的能量来自其他生物的排泄物或尸体，尤其是植物。所以，如果水中没有密植水草，那些细菌，尤其是硝化细菌根本无法在空荡荡的水族箱底部繁衍。所以如果是裸缸大家根本没有必要将钱花在购买硝化细菌上。

前景：小皇冠、珍珠皇冠，铁皇冠。

中景：长叶皇冠、卷边皇冠、大叶皇冠、草绿皇冠、水榕（做为主景）。

背景：宝塔、水松、宝塔、绿菊花、红菊花、水兰。

神仙鱼繁殖全攻略

繁殖前的准备

　　准备一个45×45×45cm的繁殖缸，水位到40cm（野生的神仙用60×35×50cm水位到55cm，因为野生的比家养的体形大一些），用搁置5天以上的水就行，但水温一定要与养缸一样。用一片26×13cm的毛玻璃或磨砂玻璃（就是普通玻璃用砂轮打一下）也可以，实在没有，是玻璃就行，放入缸内，与缸壁呈19～30度角都可以。光照，用自然光就行了。繁殖水温以26℃最好，放鱼后再调水温。

繁殖神仙鱼必备的基本条件

　　种鱼，所指的是繁殖用的"亲鱼"。好的亲鱼一胎所生下的卵会较多，不但孵化率高（这和雄鱼精子的活力及雌鱼卵质的优劣有相当大的关系）、畸形率低，且所培育出来的仔鱼体质较佳。

　　而种鱼的挑选，不外乎这几项要诀：

　　①不辞辛劳，多挑多选。

　　此话所要强调的重点在于"不要捡剩下的便宜货"，宁可多跑几家水族馆，在刚刚到货且为数众多的鱼群中挑选。选择六到八个月大的成鱼（身体不含鳍片大小大约有六到八公分的长度和高度），这些几乎马上可以配对繁殖的神仙鱼种鱼。此外，神仙鱼的性别并不容易分辨；一般来说，雄鱼的前背部会较为突出，腹部会较为扁平、鳍条的延长程度会较大、发情期的时候会有较亮丽的体色。

　　②从小鱼开始培育。

　　另外一种选择是在有较多耐心的情形之下，先从小鱼开始养起！所谓的"小鱼"，大约是整个身体（连鳍片的高度和长度）有5～6cm长的鱼，因为体积小且价钱较低，可以养一整群，俟其逐渐长大之后，再从其中筛选合适的、健康的或是奇特的个体来作为种鱼。在饲养的过程中，逐渐会有一对对的自行配对。这些自行配对的亲鱼在日后的繁殖上会有较大的优势。

③活力充沛且身体外表完整没有病变。

神仙鱼的“脾气”虽然看起来相当温和，但是，不要忘了它们也是善斗的慈鲷科鱼类之一。为了地盘或是择偶，都会或多或少有相互攻击的行为。因此，在选择种鱼时，要尽量避免挑选到有外伤或有疾病等状况不佳的个体 。

④有强烈的领域性。

“强者出头”是生物界留下优良基因的不变定律。因此在水族馆的水族箱中常可见到已经有领域性或甚至已经配好对的神仙鱼。你所应挑选的就是这些有领域性或是两只鱼已一起维护一个固定地盘的个体。

繁殖中亲鱼的管理

在说繁殖之前，这里先说一下雌雄鱼的辨别方法。

一看头，高的是雄鱼。

二看上鳍，长的是雄鱼，短的是雌鱼。

三看体形，大的是雄鱼，小的是雌鱼。

四看肚，成鱼的肚，大的是雌鱼没有变化的是雄鱼（要在喂鱼前看，不过有些好的雄鱼的肚之也微微鼓起，但没有雌鱼明显）。

还有就是看生殖器，在繁殖前，雌雄鱼会伸出输卵管与输精管。雌鱼的输卵管长大约1~2mm。直径约1mm。雄鱼的是短而尖。其实最后一句是废话，如果你能看到输卵管与输精管时，那就可以繁殖了，还有谁不知道哪个是雌鱼，哪个是雄鱼呢？

亲鱼入缸后，就会开始啃板。如果是有下脐的亲鱼（下脐就是雌鱼与雄鱼伸出输卵管与输精管），一到两天内就会产卵。没下脐的亲鱼就得慢慢的等了。在繁殖期的亲鱼是要喂食的，有人说在繁殖期间的亲鱼不吃不喝那是错误的。但不要喂活红虫，因为活红虫会破坏受精卵，最好喂给血虫或冻红虫。

产卵后，可以留下亲鱼，但如果亲鱼不护卵（所说的护卵是说亲鱼要吃没受精的卵、死卵和发霉的卵），那就把亲鱼放回养缸，由你来代替亲鱼工作了。你要把没受精的卵、死卵和发霉的卵用小镊子等工具清出缸外。有关繁殖神仙的文章与生活中的鱼友在繁殖神仙时都说要放一个气泵或水妖精，这里不推荐加水妖精。因为那会把一些刚孵化的小鱼吸进去。至于气泵，加不加就看爱好和心情了。虽然气泵对孵化有利, 但那样得到的小鱼对气泵的依赖性很强, 一旦停电, 那就全没了。不用气泵, 得到的小鱼才是最健康的。卵经三天半左右孵化成小鱼, 有的会达四天, 这是正常的 (有的鱼友说三天出小鱼, 那是不可能的。不信在鱼缸上贴一个小纸条, 记录一下产卵与孵化的时间, 就会知道到底用了多少时间), 小鱼或受精卵掉到缸底是没关系的。

❋ 小鱼的管理

小鱼孵化后, 有很长的时间不会游动。当看到小鱼开始游动且在腹下没有卵黄时就要喂给洄水了, 就是把洄水倒入鱼群中。如果你没有洄水, 那也没关系。有一个方法用在一窝神仙中可以得到。就是在小鱼开始游动时喂给蛋黄水 [蛋黄水的制作方法与一般方法不同。有的说把蛋黄在水中捏碎, 但那样得到的蛋黄水太粗, 小鱼吃起来不太好。把洄水网 (240目纱网) 放到水里, 然后把蛋黄放到网里捏碎并来回晃动, 蛋黄漏到水中了, 这样的蛋黄水才是小鱼喜欢吃的, 因为它的粗细正好]。蛋黄水可以多给一点, 没事的。放完蛋黄水后, 跟着就放入一些红虫。你会问鱼这样小怎么吃红虫啊? 这些红虫不是给小鱼吃的, 是要它们产卵生小红虫的。这样一来, 你的缸就成了生态缸了, 小鱼现在只能吃蛋黄水, 过一两天就可以吃到小红虫了, 再过一个星期小鱼长到孔雀鱼的幼子一样大时就可吃红虫了。当吃完红虫时, 以后就什么都能吃了。它的原理是如果你放的蛋黄水太多, 水会臭掉, 小鱼也就死了, 这就是一般不推荐使用蛋黄水的原因。但用了这个方法就没有那个问题了。红虫会同小鱼一起吃蛋黄水的,

并很快就能繁殖出小红虫, 繁殖小红虫的时间, 正好是小鱼长大到可以吃小红虫的时间。注意, 从产卵起1个月内只可少量换水, 每5天换二十分之一就可以了, 不可大量换水, 不然小鱼就倒霉了。产卵前可以每天换十分之一的水, 这样有助于水质的保持和亲鱼的

产卵。还有，如果你用蛋黄水，那最好在用蛋黄水的同时加一个气泵，以防因生物多而缺氧。

许多人相信神仙鱼终身只有一个配偶，尚未查找出这是精确的说法。对于神仙鱼，如果两者愿意，最成熟的雄性和雌性会建立关系，当鱼待一起时才能延续下去。有鱼友曾经把一个配对分开，并引进了一个新的成熟的雄性，它高兴地进入角色，并承担起责任，和雌鱼充分的合作。

留心鱼的亲近过程，新配偶有时需要几个星期，几个月后，会看到至少一对也许更多对总是在一起，能够互相接受的鱼是潜在的配偶，很快，它们将占据水族箱的一角，雄鱼对水族箱中的其他伙伴会开始表现出攻击行为，并企图驱赶它们远离雌鱼。现在可以确认它们是一对了，该是把它们从鱼群中分离出来的时候了，将这对鱼移到一个准备好的水族箱或移走其他鱼都可以。

龙鱼系列品种

　　龙与中国的人文历史有着密不可分的情愫，所以凡是高尚、庄严的场合就会与"龙"结合起来，大家在一些楼宇殿堂经常可以看到龙的身影。自古以来，所有天子都以"龙"的传人自居，民俗中更是离不开"龙"这个极具象征意义的角色。

　　在20世纪水族宠物界出现了一个新鱼种——龙鱼，并迅速在汉文化地区掀起一阵风潮，大家争相饲养这种具有王者风范的鱼，养龙鱼一度成为时尚，其实龙鱼在成为宠物鱼之前是原产地居民的食物来源之一。由于汉文化的影响，龙鱼几个品种中唯有亚洲龙鱼是最受大家欢迎的，因为传说亚洲龙鱼是古代祥龙的化身，而取之饲养，有招好运、可旺家、宜风水、招财进宝之意，故又称为风水鱼、招财鱼。

龙鱼品种
金龙鱼及其饲养

以前人们认为七彩神仙鱼是"热带鱼之王"，且价值最高，自从发现了"金龙鱼"之后，这个王位自然就让给了金龙鱼。

金龙鱼的形态特征

鱼体背部为墨绿色，包含背鳍及尾鳍上半部。鳞框为闪耀的金黄色，好的金龙金黄色泽甚至会发至鳞片的1/2。鳃盖部分没有红色印块，而完全呈现出亮丽金黄色，其鳃盖上的抹纯金，透出华丽富贵气象。

完美的金龙鱼要保持一对龙须笔直整齐（虽然损坏可以再生，但难保长得如意），色泽与体色一致；起画龙点睛作用的龙眼要闪亮有神；各鳍要直，伸展自如，完美的体形才能充分展示其威仪。

金龙鱼是远古遗存物种，国际濒危保护动物，其繁殖养殖生产受到华盛顿公约（CITES）的约束，马来西亚和新加坡的注册金龙鱼渔场出产的金龙鱼附有血统编码芯片。此种鱼因其价格适中，鱼种漂亮，在东南亚各国也相当受欢迎。主要产地在印尼的加里曼丹及苏门答腊。

过背金龙与银龙、黑龙较容易区别，与红龙和青龙在鱼苗阶段则难以区分，一般人需待它长大才能分辨青龙鳞片泛青，一般不具金色；红龙的金色鳞片只长到由腹部往上第四排，体色逐渐变红；过背金龙则顾名思义其金色鳞片可长过背部覆盖全身。

金龙鱼，属于亚洲龙鱼的一种，骨咽鱼科，是一种大型的淡水鱼，早在远古石炭纪时就已经存在。分类学把金龙鱼分成金金龙鱼、橙红金龙鱼、黄金金龙鱼、白金金龙鱼、青金龙鱼和银金龙鱼等。真正将观赏鱼引入水族箱是始于20世纪50年代后期的美国，直至80年代才逐渐在世界各地风行起来。

温度是热带鱼生存的最重要的条件，没有适合热带鱼生长的温度，热带鱼就无法生存，热带鱼是狭温性动物，它们对温度是极为敏感，曾做过试验：将孔雀鱼放在无水草无光照的鱼缸里，不喂食，它们可以活四个月以上，但是如果温度不适宜，它们很快就会死亡。

新购的金龙鱼厌食、拒食的处理办法

金龙鱼刚买来的时候，肯定会出现时间上长短不等的绝食期。这一点好像和一般的鱼类有所不同，而且有时候可能因你的环境改变太大，水质的不稳定和鱼饵的不适应也会导致长时间不进食。这个问题令那些刚养龙鱼的朋友很头痛和苦恼。下面把有关注意的问题和办法叙述一下。

首先在购进金龙鱼后，必须对金龙鱼进行调水，也就是将鱼袋中的水与你的鱼缸中的水进行调和，使它较容易适应你鱼缸中的水质，调水的过程必须要半个小时以上，在放入鱼缸中时，请不要开缸灯，同时保持安静，24小时后就可以开你鱼缸中的灯具了。喂食的时候不必太急，一天后你可以试喂一下金龙鱼，喂食量要小。如果金龙鱼不吃，半小时后把食物捞出，以免污染水质。第一次喂食尽量喂它以前吃的食物，如果不吃你也不必担心，一般三天后，金龙鱼就耐不住饥饿开始吃食了，开口的食物你可以选择一些金龙鱼爱吃的，像蟑螂、面包虫、虾等。

如果6天后还是不吃的话，那就要检查你的水质问题了，如果没有问题，就是你的鱼饵不对金龙鱼的胃口，只能选择其他的鱼饵变着法子来喂它了。

如果入缸后，金龙鱼只吃一种食物，其他的拒绝食用的话，你暂时只能由着它，训饵的时间最好放在鱼长35cm以上的时候开始，这样不会因为训饵导致龙鱼发育不良。

2 过背金龙鱼及其饲养

过背金龙鱼自然繁殖数量少，但市场需求量大，相对价格较昂贵，仅次于红龙的价格，在东南亚也是一种相当受欢迎的龙鱼。过背金龙鱼的魅力和美丽之处在于其鳞片的亮度，和红尾金龙不同，成熟的过背金龙全身都长了金色的鳞片，不仅如此，过背金的颜色也会随着鱼龄的增加而加深，就好比从鱼身的一边跨越到另一边去似的。、

特 征

过背金龙鱼属于亚洲龙鱼的一种，与金龙相似，唯一不同点即为它金色鳞片越过墨绿色的背部全身呈现金亮。过背金龙有几种不同的底色，但多以紫色为主，其他较为罕见的还有蓝、绿、金色。

过背金龙的选购及饲养技巧

①过背金龙在选购的时候切记要仔细观察幼龙的胡须、鳞片、骨骼、体形、游姿，各个鳍是否完全展开，尾鳍是否断裂，胸鳍是否有分叉骨折。要彻彻底底地观察幼龙，从不同的角度上下左右观察龙鱼。在目前大马的所有养殖场几乎都不约而同地选择白缸饲养刚刚取仔的幼龙，到底是为什么要这样做呢？尝试着解答一下这个问题：幼龙体色会随着环境改变而改变自身身体的颜色，这是一种生物的本能。渔场一般是5~7cm开始从雄鱼口中取仔，一条雄鱼口中取出的幼龙全都密集饲养在一个白色保育缸内。从这个尺寸养到15cm左右的时候开始为幼龙注射芯片。在15cm左右的幼龙

鳞片都很薄，金粉在强白光24小时不间断的照射下喷薄而出迅速地染满整个5排~6排。个别个体具有金头的特征，在这个时候已经十分明显。白色的体色使每条幼龙看起来都显得神采奕奕不同凡响。很多龙友在这个时候看见的龙鱼基本都是接近白金色的体色和鳞片。本来应该是暗红色的尾鳍现在看起来发出淡淡的黄红色。在选择时，除了观察金质、珠鳞是否亮了和过背的情况，另一个很重要的问题就是鳞片金色光亮的饱满度。具体观察办法是叫鱼商把白灯关掉，在自然光的情况下多角度观察幼龙鳞片的金色亮度和饱满度。一条血统纯正的过背即使是在幼龙阶段，鳞片的光亮度也是很高的，珠鳞全亮，鳞片很有质感，有厚重感，而且整个鳞片闪闪发光。不要在强白光的情况下被鱼商一顿忽悠了，以为自己淘到一尾绝世好龙。

②在从渔场运输到销售所在地的过程中，很有可能会对幼龙造成不同程度的惊吓和损伤，例如掉鳞、断须、挤撞伤、浮潜失衡（幼龙因在机舱内外气压不等造成的头下尾上的游动状态）等症状，所以有相当一部分龙鱼在运输途中因为惊吓而产生缩鳍和萎靡不振的状况。这个可不是玩家想看到的情况。如果着实因为惊吓而发生的短暂性缩鳍，在老手的逐渐调理下基本可以恢复，但是如果是因为水质而引起的就不好说了。用手指轻轻叩击缸壁的同时就要注意了，是否有的幼龙状态不好？

③主动询问幼龙的进食情况及具体进食的种类。很多龙友把上面两个层面都做到了，但是忽略了幼龙的进食情况，这可是攸关请龙回家的后期管理的头等大事。要知道店家只是经销龙鱼，并非是要专业饲养龙鱼。长途奔波后的龙鱼几乎在3~5天内不会进食。这时间一长了，管理再跟不上去可就有拒食的威胁了。一般来说店家都会选择面包虫来作为短期内幼龙的食物，从幼龙的粪便一看便知。另外强白光会对幼龙的神经造成一定的伤害，焦虑不安，快速游动，蹭缸，拒食，都是这种饲养方式造成的恶果。幼龙长期食用昆虫类食物会造成白便、诱发性肠炎、消化不良、偏食等等一些坏习惯。所以了解了幼龙在店家饲养时投喂的食物很重要。因为这些会涉及以后如何训饵（后面会具体提到如何进行训饵）。别只听店家一面之词，有必要让店家当场投喂饵料以便于观察幼龙的进食情况。只要你坚持，这个要求不算什么的，店家完全可以接受。

④坚决不买过度压养过的龙。很多无良鱼商为了使品相一般的龙鱼能卖个好价钱而坚决彻底地把幼龙压养成一条老头龙，很多情况下都是一些陈年老货，没办法出售了，原因或者出自渔场方面进货价格虚高或者是店家经营不善，或多或少的会有一些龙鱼卖不掉。这些可怜的小家伙被一些别有用心的无良商人精心装扮，炮制成超越外表的成熟的老头龙。被过度压养的过背老头龙饲养起来很麻烦，体质虚弱，经常生病，消化不良，胃口不好，情绪暴躁，溶鳞缩鳍简直就是家常便

饭。最最要命的是老头龙因为错过了龙鱼的最佳生长期,很有可能是一条养不大的袖珍型过背。体长长到个40cm左右那是养功好、水平高,弄不好几个病症并发一命呜呼也难说。总体来说老头龙还是比较好辨认的,有正规证书的,仔细看幼龙注射芯片和该龙鱼在渔场网站注册的日期,一眼便知。实在没有证书的三无良品,您要注意看幼龙的眼睛是否比较大,是否突出,眼睛和头顶的距离是否很接近,各个鳍的比例和身体是否协调。如果上述情况有几种都出现在该条龙鱼身上,那就立马拿钱走人。

　　注意购买龙鱼时店家出示的渔场证书和芯片号是否一致,各大渔场都有自己的独门证书,中间就是芯片号,上面是中文或英文的龙鱼种类名称,一一对照无误即可。顺便说下,很多店家销售的龙鱼都是一些听起来比较生僻的渔场,个人建议在选购时,尽量选择一些有点知名度的大型渔场出产的幼龙。最后需要提醒各位龙友的是一句老话:不是所有著名渔场出产的都是著名的鱼。所谓证书还只是销售龙鱼方对你的一个必要的单方面的保证,要请到一条合心意的好龙鱼,除了仔细辨别外,更要相信自己的眼光。不要人云亦云,不要掉以轻心。

3 龙鱼品种
蓝底紫金过背龙鱼及其饲养

　　属于亚洲龙鱼的一种,养殖方法与过背金龙鱼类同。

4 龙鱼品种
红龙鱼及其饲养

　　属于亚洲龙鱼的一种,此鱼在香港称为"红金龙吐珠",马来西亚华侨称为"旺家鱼",产地在印尼的加里曼丹及苏门答腊,需自然繁殖,目前此品种濒于绝种边缘,而受到华盛顿条约所保护。

　　红龙鱼分为辣椒红龙、血红龙、橙红龙,有等级之分,等级越高,价钱越贵,以辣椒红龙为极品。该鱼的鳞框、吻部、鳃盖、鳍与尾均呈不同程度的红色。细分有橘红、粉红、深红、血红色之区别。

特　征

　　鳃盖部分有特别的红色印块,各部位的鳍与鳞框的颜色可分为橘色、粉红色、深红色、血红色(台湾称血红龙),全身闪闪生光,展现出特有的魅力。

选购红龙鱼的标准

1号红龙以红色为主，又可分为辣椒红龙及血红龙两种。

辣椒红龙有鲜红的鳃盖印及鳞框，均以鲜红外缘为主，各鳍也都是红色，吻部也呈红色，如果将灯关掉（因为鱼缸的照明灯具有红色的波长，所以开灯时，鱼体的色泽并不完全真实），鳞片是蓝紫色的，幼鱼时嘴唇较翘，头部较尖，成鱼时各鳍为红色。

由于红龙为保育类的动物，进口遭限制，想要买好的龙鱼，其实没有那么容易，就算有钱，买的也有可能是其他的龙鱼（如橘红龙），因为红龙与其他的龙鱼小的时候几乎都差不多（龙鱼由小到大，才会有色泽上的转变，小时候是没什么变化的）。有些较差的水族店或甚至有些老板根本不懂就拿2号当1号卖，等到长大后发现不红时，你也拿它没办法。

一般水族馆的龙鱼根本没有辣椒红龙存在，因为在大盘商的阶段，就已被选走了。这里提供一个方法可以选购较好的红龙：小龙时期体色较红或有红色斑点为佳。

血红龙的体色并没有辣椒红龙艳红般的红色鳞框，且鳃盖并无明显的深红鳃印，只是很均匀的散布全身，但色泽还是以红色为主。

2号龙以橘红色为主，龙鱼幼鱼时嘴唇较平整，头部也不算很尖，成鱼鳃盖呈橘红色或淡橘色，各鳍没有明显的红色或呈淡橘红色，鱼鳍及尾鳍成红色或淡橘色，明白一点就是尾巴是橘红色或没有颜色。

如果你饲养的龙鱼上没有1号龙鱼所具有的特征时，可以明白告诉你，有可能是红尾金龙或过

背金龙，是怎么养也不会全身变红的，不过也不是完全就没欣赏价值，可以经后天的饲养，使它发展出适合的体色，也是一尾好龙。

①龙须：图腾中的龙总有一对长长的龙须，看上去极有气势。那么龙鱼的须也是如此，这一对触须对龙鱼极为重要。好的龙鱼触须是笔直的，而且颜色和鱼体一致，卷曲、断须、两条触须不整齐的都会影响观赏效果。有时候龙鱼的须会不幸折断，这时候大家可以在水中投入一定剂量的抗生素防止感染，然后注意营养，断须会自然长出来，但长得直不直就要看你的功底如何了。

②眼球：大而明亮有神的眼睛是龙鱼的精神所在，龙鱼的眼球硕大而且像探照灯一样地突出并转动灵活，简直美不胜收。能不能获得好的效果就要看你对水质的管理水平和饵料投喂方式了。长期捕食水族箱底的食物 的龙鱼会得眼球下垂症。

③头部：头顶的表皮要尽量平滑光亮，不能有皱褶。

④嘴形：上下唇要密合，如果下颚突出或有瘤状突起的，就不能说是好的嘴形了。另外还要注意上下唇的颜色是否一致，并且和鱼体颜色一致。

⑤鳞片：龙鱼的鳞片大而齐整，看上去很有光泽感，如果有斑点的就比较差了。龙鱼的鳞片如果脱落的话会自己长出来，不必担心的。

⑥鳃部：整齐而有光泽，不能有凹陷，这是对龙鱼鳃部的要求。另外鳃部不能卷曲。

⑦胸鳍：要尽可能地伸展、整齐，要像划出一个圆弧一样的鳍条。胸鳍是龙鱼威猛的象征，就好像龙的爪一样。

⑧后三鳍（臀鳍、背鳍、尾鳍）：鳍条要求笔直的伸展，弯曲和折曲都不理想。尾鳍要大，并且在回转时也不会出现缩鳍的现象。

⑨腹部无严重凹陷现象。

能注意这几条的话你就可以挑选比较优良的龙鱼了。另外有些先天或是后天营养不良的鱼会出现脊柱弯曲的畸形，这样的鱼大家不要买或养。还有龙鱼属真骨鱼类，它的脊柱每个骨节之间的间隙和生理结构使它的身体能极为灵活地游动卷曲，以至于可以蜷缩在一个很小的容器里。所以龙鱼扭动着身体游动的姿势要有美感，这一点就看你自己的欣赏习惯了。

饲养密度

若养殖体长20cm的龙鱼，在5m^{3}的水族箱里可以放养15尾，15m^{3}30尾，40m^{3}40尾，200m^{3}120尾。可见，密度一样要尽量地减小。

5 龙鱼品种
青龙鱼及其饲养

产地：东南亚大部分国家，柬埔寨、泰国、马来西亚、印尼
    的加里曼丹等地都有其踪迹
特征：鳞片青色，体型较其他种类龙鱼短小，侧线特别显露。
体长：80cm，能人工繁殖

此鱼产地主要在泰国、马来西亚，可以用人工繁殖法来繁殖，以鳞片呈紫色斑块的青龙最为名贵，其他青龙则是最便宜的一种龙鱼。

该鱼全身呈现淡淡的青色或是带有青绿色的银色，所以中文名称为"青龙"。没有金龙、红龙那般华丽色彩特征，所以价格比较平实，不管产地和色彩如何，一般整年都有进口。

青龙鱼幼鱼期时本色彩型特有的暗色斑纹会显现在鳞片上，随着成长该斑纹会在鳞片上呈现U字形或马蹄形。斑纹带有一点点青色味道，成鱼以后鳞框不会有金属光泽呈现，鳞片为银色带些灰色及绿色，色泽不亮丽，大部分为灰白色。鳍幼鱼为略 带黄色，与金龙相似，和印尼产的血红龙比起来体高偏低，形体和马来西亚产的过背金龙类似，成鱼的头部和其他亚洲龙鱼比起来偏小。长大后会转为蓝绿带灰色，如果要区分还是比较容易，它的头部较短小，下巴灰暗，无色泽，体形较其他龙鱼短小，在侧线鳞数，背鳍、臀鳍的条数、脊椎骨数和其他亚洲龙鱼相同。在水质方面和其他亚洲龙鱼相同，性情方面也和其他亚洲龙鱼一样，但两只鱼很难在空间不够宽敞的环境里和平共处。

青龙鱼除带紫斑的个别品种外，其他青龙鱼均比较便宜。

龙鱼品种

6 银龙鱼及其饲养

别名：银带、双须骨舌鱼、龙吐珠、银船

原产地及分布：南美洲亚马孙河流域及其支流

成鱼体长：90~100cm　　　　　**性格**：温和

适宜温度：24℃~30℃　　　　　**酸碱度**：pH 6.0~6.6

硬度：4° N~12° N　　　　　　　**活动水层**：中层

繁殖方式：卵生

此鱼目前很流行，主要原因是生命长，容易饲养与繁殖，而且其价格较低廉。

特　征

身体扁长、尾小、头大、幼鱼时，背鳍为粉红色底带蓝色，身体银亮带粉红色。成鱼的巨鳞如贝壳，呈半圆形状，鱼侧线有31~35鳞片，鱼体呈金属中的银色，略带蓝色、浅粉红色，闪闪生光。有一对长胡须，下唇较上颚为长，臀鳍梗骨有50~55支，背鳍梗骨42~46支，腹鳍可长到4~6cm。

银龙鱼全身银白色，但在光线照射下能反映出淡粉红等其他色彩，幼鱼时的体色微泛青色。体格健壮，生长迅速，食量大。性情凶猛，能吞食小型鱼类，不宜与其他鱼混养。宜用大型水族箱，要加盖且不宜铺底砂。喜弱酸性或中性软水，水温22℃以上，最适宜温度为24℃~28℃。主要以动物性饵料为食。大型肉食鱼类，捕食水域中之鱼虾或落水之昆虫，因善于跳跃，亦可捕食水面枝头上的猎物。主要栖息在流速较缓慢的河段，以表层水域为主要活动区。繁殖时雄鱼负责受精卵的口孵工作，仔鱼长至3～4cm亲鱼才将之吐出，此时仔鱼尚带卵黄囊故不需摄食。

习 性

　　银龙鱼能适应中性水质和22℃以上的水温，最佳温度为24℃～28℃。水质要清洁，用自来水须经晾置处理。1次换水量宜少，加入水的酸碱度和温度要适宜。饲养水族箱用1.5m长的大型箱，不必铺砂植草，因银龙鱼常到表层水中游戈，箱口加网罩防跳。为保持水质清洁，应常开过滤器。水质、环境、饵料等条件好，1年可长达 50～60cm。可用小鱼虾、金鱼喂养，也摄食肉块、昆虫等。在亚马逊河里自由生活的银龙鱼，当见到水面上方枝条上停有昆虫时，会从水中如箭而出，射向目标，多数猎物逃不脱它的长舌。所以当地人称为箭鱼、四眼鱼。

龙鱼品种
7 黑龙鱼及其饲养

　　黑龙鱼形状和银龙几乎一样，成鱼为银色，但体形长大时会趋向黑色带紫和青色，有金带，极具观赏价值。幼鱼有明显的黑色体纹胸鳍下挂着卵黄囊，所以香港人称之为黑龙吐珠。

　　此鱼于1966年于尼格罗河（Rio Negro）发现；体型和银带相似，不同点为幼鱼时期，身上略带黑色，成长后黑色渐褪，鳞片转呈银色，各鳍均会变深蓝色，至超大型时会趋向黑色，带紫色、青色。此种鱼容易受惊吓，目前在巴西也受到保护。

龙鱼品种

星点龙及其饲养

别名: 澳洲星点龙、红珍珠龙、澳洲斑纹龙

原产地及分布: 澳大利亚东部

成鱼体长: 30~50cm　　**性格:** 有攻击性

适宜温度: 24℃~28℃　　**酸碱度:** pH 6.5~7.5

硬度: 3°N~12°N　　**活动水层:** 顶层

繁殖方式: 卵生

　　星点龙和星点斑纹龙很相似,幼鱼极为美丽,头部较小,体侧有许多红色的星状斑点,臀鳍、背鳍、尾鳍有金黄色的星点斑纹,成鱼体色为银色中带黄色,背鳍为橄榄青,腹部有银色光泽。各鳍都带有黑边。属夜行性鱼类。

　　近年澳大利亚政府大量放养此鱼鱼苗,所以数量较多。此鱼性情凶爆,能咬伤比它大许多的鱼类。澳洲星点龙鱼的生存需要弱酸性到中性的水质,硬度要求软水(影响不大),亚硝酸盐含量及氯含量最好为零。

龙鱼品种

星点斑纹龙及其饲养

别名: 澳洲星点斑纹龙、珍珠龙

原产地及分布: 澳大利亚北部及新几内亚

成鱼体长: 30~50cm　　**性格:** 凶猛

适宜温度: 24℃~28℃　　**酸碱度:** pH 6.5~7.5

硬度: 3°N~12°N　　**活动水层:** 顶层

繁殖方式: 卵生

星点斑纹龙的龙须短，头大，体色呈金黄色略带银白的光泽，背鳍、尾鳍及臀鳍均有金色的斑纹。澳洲龙在同一水族箱中打斗比其他龙鱼更凶，常常因受伤未及时治疗导致感染疾病而死。

龙鱼品种
10 红尾金龙(宝石鱼)及其饲养

原产地：印尼苏门答腊岛上，在北干巴鲁附近的流域，分别是坎培尔河、若肯河及赛克河。

这种龙鱼有不同的底色：蓝、金和青，常常被称为黄龙鱼或者黄尾龙鱼。黄尾龙幼鱼鳍上的粉红色会随着它的成长而逐渐消失。成鱼全部的鳍都是黄色的，故得以命名。人们时常误以为此鱼是超级红和黄尾或青龙在野外交配而得，其实不然。它本身确实为一个龙鱼的品种。

这几条流域的红尾金龙成熟后，鳃盖为古铜带金的色泽，体侧鳞片的金色光泽可达第四排，部分个体成熟后可达第五排，但不会像过背金龙般达到第六排。通常，第五排鳞片及头背部的色泽为黯褐带绿色，尾鳍上端三分之一的部位及背鳍为黯绿色，其余各鳍为橙红色。栖息于印尼苏门答腊中部帕克甘巴川的龙鱼，尾鳍上方灰黑，中间到下方隐隐泛红，这种鱼的金色质感比马来西亚过背金龙更接近纯金，而且带着晖红的温暖金色。这一点绝对有别于过背金龙。它和过背金龙还有另一差别，就是尾鳍上端三分之一的部分和背鳍都是深绿色的。至于尾鳍下端三分之二的部分，则与臀鳍、腹鳍和胸鳍一样都是橙红色的。这一点倒是和超级红颜相像的和青龙相似，一条7cm～8cm长的红尾金所有鳍都是黄色的。只有在鱼儿的主食是富含红色素的小虾时，鳍部的红色才会在它长至10cm～12cm长的时候显现。到了它15cm～20cm长的时候，鳞片的金边亦已形成。这种镶金边的鳞片最多时会一直"攀爬"到第四排为止。然而，把过背金和红尾金并排的话，就会清楚察觉到两者之间的差异。一样为15cm长，而且色彩均已达到了第四排的鳞片，一样会发觉到过背金色到底还是比红尾金的来得深。

此种鱼在印尼相当流行，因其价格适中，鱼种漂亮，在东南亚各国也相当受欢迎。

红尾金龙（宝石鱼）的色系选择

①眼越红越好，眼球外缘则需呈现出深绿色金属光泽，越立体越好。

②胡须侧边黑线越黑越好。

③喉部有黑影。

④胸鳍梗骨间有黑纱影。

⑤胸、腹、臀、尾鳍越红越好。

⑥臀、背鳍黑虎纹明显背鳍与臀鳍虎斑纹走势相对称为佳。

⑦背鳍越黑越好。

⑧鳃盖已有古铜金色具银亮金属光泽，隐约泛出青绿色泽为佳。

⑨鳃膜边缘颜色越深越好。

⑩腹底中线为黑线。

⑪反光角度看鳞片湛蓝底色，发丝古铜金边（蓝底是亮蓝色，不可出磨砂式的泥蓝，鳞框内缘的色彩以晕开方式呈现的不好）。

⑫远观背部颜色与身侧颜色分界明显整齐 对比越强越好，有明显红尾金特点。

⑬整身有紫色光泽者为上。

龙鱼饲养全攻略

①龙鱼之生态习性。

龙鱼属于古代鱼类硬骨鱼纲中的骨舌鱼科，是古代鱼家族中的一员。野生红龙生长的水域，水温在24℃～32℃之间，水质呈中性偏酸（6.4～6.9之间），硬度比较低。由于龙鱼生于热带雨林，因此河床底多为泥底并且水生植物密集的地区，所以水生昆虫及鱼类丰富，而这些昆虫虾类便为龙鱼的基本食物，属于上层鱼种。龙鱼捕食的区域为水面上的昆虫，故演化出一套很佳的跳跃能力，从龙鱼的形态来判断其生态可知，龙鱼的视角是针对水面以上的东西而加以演化的。

②龙鱼之水质及饲养。

龙鱼的标准鱼缸，在幼鱼方面宜用100cm×40cm×50cm（高），成鱼方面200cm×60cm×80cm（高），因为龙鱼的成长尺寸可长到50cm至80cm左右的体形，如果鱼缸太小，当长到一定程度时就会停止生长（缓慢），甚至会导致鱼体变形（畸形），影响龙鱼的形态，大的鱼缸有充足的空间可以增加它的活动量。

龙鱼适宜弱酸性或中型软水，注意除去水中的氯或氟，如用井水等硬水饲养时，要先把水煮沸，除去杂质，或者用离子交换树脂的过滤设备将杂质去掉，变为软水才能使用。饲养水温为24℃～28℃，银龙、黑龙最适水温为

27℃～28℃。当购入新的幼鱼时，在饲养的水中，必须加入少量抗菌素，以金霉素、四环素最好。用量为1升水中加13毫克，使水族箱内的水略呈微黄或微青色即可。

饲养龙鱼不能把水全部换掉，否则会对鱼造成伤害。最初可注入1/8至1/6的新鲜水，待鱼习惯后，就可每天或隔天换少许的新鲜水。如水族箱较大，饲养鱼不多，换水更不必要。先由幼鱼开始饲养比较稳妥。龙鱼换水不可太多也不可太少，换水太少，会使龙鱼各鳍不透明和眼球污浊，甚至产生鳃盖翻转等现象。每次换水要换去水族箱水量的1/4至1/5左右，不要超过1/3，以防水质起变化。有时见到龙鱼的鳍和鳞片脱落的现象，这是换水太多之故。只要暂停换水，鱼鳍便可复原，鳞片也会慢慢长出。

龙鱼适应水质的能力很强，较理想的PH值为6.5～7.5之间，太低、太高都影响龙鱼的成长与发色。硬度3～12较为理想。

③龙鱼的饵料。

饲养龙鱼的饵料很多，在原生地的龙鱼以昆虫、青蛙及小鱼为食，饲养的龙鱼也可用这些活饵为食，但需注意的是，要多多变化喂食的种类，以免以后造成营养不均匀或挑食。喂食时要注意避免让龙鱼吃水底的活饵，因为时间一久，会导致眼睛下垂，或者吃得太肥也会造成此种现象，因为脂肪过多的龙鱼会造成影响眼睛底下的皮下组织松弛。另一种说法是龙鱼在自然

的环境下是属于上层鱼类，正常情况眼睛是向上看，而不是向下。人工饲养的活饵通常在缸底活动，龙鱼为吃底部的饵，必须一直向下看。提供一个小方法，在水缸中放一个乒乓球，让龙鱼无聊时咬一咬，顺便可以让眼睛为了看乒乓球而朝上看，此一方法仅提供参考。饵料的喂食关系着龙鱼身上的体色，龙鱼体色的关键在于虾红素的补充，虾红素是红色系鱼种不可或缺的东西，其来源可以是各种虾类、蟋蟀、蟑螂、小壁虎或市面上所售的"爱族龙鱼饲料"和"喜瑞龙鱼饲料"及"德彩龙鱼饲料"。

人工饵料：取得容易，干净卫生，没有寄生虫，是较方便的饵料。目前市面上已有龙鱼人工饵料销售。龙鱼属肉食性，初改为人工饵料会不习惯，要经过一段时间驯饵，才会食用人工饵料。

生物饵料：生物饵料的供给品种很多，对于不同大小阶段的龙鱼有不同的供应饵料的方式。举例如下：

12cm以下的幼龙鱼开始吃食生饵，此时，可喂食刚蜕壳的白色面包虫，小溪虾（刚脱壳）去头、尾硬部分，血虫。此时期喂食要特别注意少吃多餐，这对幼龙鱼成长特别重要。

15cm左右的小龙鱼，可饲喂正常的面包虫与小溪虾或1.5cm左右的小鱼。喂小溪虾时要去掉虾剑，以免刺伤肠胃。此时生长迅速，吃食较多。

20cm以上的龙鱼，可饲喂较大的小鱼、溪虾（剪除虾剑）、肉块、泥鳅等活饵。还有一些季节性的活饵，如青蛙、蟋蟀、蜈蚣、蜘蛛、蟑螂等都是龙鱼特别喜欢的活饵。龙鱼最喜欢吃蟑螂，要注意的是蟑螂不要受到杀虫剂的污染。

另外，内脏，尤其是肝脏是不合适喂养龙鱼的，其较多的脂肪会造成龙鱼生病。活饵中金鱼并不是一种好的饵料，研究显示专吃金鱼的龙鱼饲养在狭小的水族箱里所染上的传染病或寄生虫几乎全是金鱼传染的。

人工饵料最好是使用脂肪含量较少的牛肉，当然你有条件的话，可以买成品的龙鱼专用饵料。不过刚开始投喂人工饵料的时候龙鱼会很不习惯，需要人工驯饵。

④过滤和照明。

幼鱼阶段的过滤以简易的上部式过滤器或外挂式过滤器即可，原因是幼鱼的食量及排泄量都小。这种过滤对幼龙鱼又有一个好的效果，即此过滤的出水方式为下冲式，对幼龙鱼有安全效果，并且各鳍也会张开。

中、大型龙鱼的过滤就较多样性，大致可分为下列四种方式：上部式过滤器；外置式过滤器；上部过滤十抽水式砂层过滤；溢流式底部过滤器。

还要有良好的生物过滤系统，滤材相当重要，常用的滤材有过滤棉、过滤生化棉、陶瓷料、环，任个人选择。

照明设备：一般饲养龙鱼，都是在室内，无

法直接日光照射，所以提供适当的光照是必须的，光照可以促进龙鱼的代谢作用，而且有显色效果。选择照明灯管要越接近自然光谱越好，为求视觉观赏效果，可搭配偏红之植物灯管。

灯具在使用上可分为上部灯具与水中灯具。上部灯具装置较方便，但光照度会因玻璃与水面折射而降低其照度，水中灯具则无此缺点，几乎可完全发挥灯管照度，其缺点是容易产生藻类。

扬水马达（冲浪泵）的功能除了能形成强力水流还可增加水中溶氧量，除此之外对龙鱼还有两个好处：增加了龙鱼的运动量，可以维持鱼优美体形，可避免龙鱼翻鳃。

如果翻鳃经过手术修剪，在复原生长时期使用扬水马达，可使生长的鳃膜平顺。

⑤龙鱼之防治眼睛混浊。

眼球表面出现白浊，表示水质恶化，应将水族箱的水换掉1/3，提高水温至30℃，并加入抗生素，数日之后，应会好转。

另一种情形，眼球的中心或附近产生白化的现象，甚至长出白色棉絮物，这种大多是营养不均衡或细菌感染所造成的，您可以投放Sera（喜瑞）治细菌治生虫剂，或AZOO（爱族）治细菌剂直接治疗，同时提高水温至30℃。

培养龙鱼完美体型所需必备条件

龙鱼完美体型的培养。想要将一尾龙鱼体型培育成如锦鲤一般，那绝对是不可能的事，但是要将龙鱼培养成标准体型却也不是件难事。所谓标准体型是各部位比例匀称，不可过胖或太瘦，甚至于畸形、驼背。要有漂亮的体型，环境、饵食及扬水马达是必备条件。

①合适的空间。

环境（水族箱）的大小，直接影响龙鱼成长与体型发展；环境空间小会使成长中的龙鱼体型短小，呈圆胖型或驼背，正确的饲育方式必须要依照龙鱼尺寸来提供环境大小，基本上是以龙鱼长度的3倍为鱼缸基本长度。

②均衡的饵料。

饵食方面要营养均衡，除主食鱼、虾外，尚可以搭配其他鱼食，避免龙鱼偏食。投饵的量不可过多，要控制好，通常一日二餐，早晚各一次。量的控制是以龙鱼的最大食量（即吃到不想吃的量），减百分之二十五，即是最佳喂食量。控制食量的优点为可以避免龙鱼体型过胖，反应迟缓，使龙鱼生动活泼，增加与主人的亲和性。最重要的是可以判断龙鱼的健康状况，例如：平常每次食量是五只虾和两尾小鱼，但是连续数天都达不到此数量，而且日益减少，即可以断定龙鱼有状况，其原因可以是人为惊吓、水质变化或疾病感染，无论是何种因素而导致食量锐减，都应该要及早处理。

③扬水马达的使用。

扬水马达的功能是增加水中溶氧及水流速

度。龙鱼在大自然里是在宽广的河流中生息，必须在河流中穿梭找寻食物，活动量充足。然而在水族箱有限的空间，在主人悉心照顾下饵食不愁，极易因活动量过低吃食营养而产生肥胖，并造成体力不足、抵抗力减弱等现象，加设扬水马达正可以弥补水族箱的饲养缺点，促进龙鱼的体力及抵抗力。

④气势的延伸。

胡须是龙鱼气势的延伸，如果有断须、短小、不挺、不正的情形，威武之相便大打折扣。而要培养胡须挺直，先得要准备一个适合活动的空间，并且预防胡须碰断变形。

在一个空间不足的环境里，龙鱼会因过于狭隘而用颚尖不断地摩擦缸壁，使胡须生长受阻，并且会使颚尖在长时间摩擦之下形成肉瘤，影响美观。

防止胡须损伤

①不要摆设装饰品。如假山、石块、造景素材等。

②喂食时不要在水族箱角落投饵，应在水族箱中间。

③不要拍击水族箱惊吓龙鱼。

④水族箱上部覆盖玻璃，并以重物压置其上，并且将直角磨圆。

上述四种情形都可以防止龙鱼在追食或受惊吓跳跃时使胡须受到伤害。

龙鱼的冬季养殖和疾病预防

如何让龙鱼在冬天依旧享有如原产地般的舒适生态及水温环境，在入冬时所需注意的疾病预防等问题，都是国内龙迷在这个季节需特别注意的事情。

冬季，对于龙鱼而言温度是相当重要的一环。一年四季中，每个季节的水温都会有所不同，由于温室效应的作用，使得地球上的炽热气温年年破新高，大自然的改变更让四季的平均温度不断地往上提升。龙鱼的原产地是个位于赤道上四季如夏且没有冬天的高温国家，在这样的环境下使得产地的平均水温常年位于28℃~38℃之间，从幼龙至成龙期都是在这样的水温里成长，由于水质天然且温度均维持在高衡温的状态，因此成长迅速且体格、体态优良也成为该产区龙鱼的最大特色。

冬季龙鱼的饲育温度：

①选择合适的加温器材。

每年过了中秋节，入夜后的寒意便会越来越浓，因此，水族箱里的龙鱼也需借由加温系统的调整来控制鱼缸中的水温。什么样的水温才是心爱龙鱼的最适温度呢？基本上我们可将加温器调整至水温28℃，此水温对龙鱼而言是最舒服且最适合成长的环境，且有助于缸中消化系统的新陈代谢及循环。在冬天来临时，需正确评估鱼缸的尺寸大小并搭配适当的加热器使用，才能以最有效及最省电的方式来维持缸中水温的恒定以度过此寒冷期。

　　一般而言，1m的鱼缸或150公升水量建议使用200w的加热器；1.2m的鱼缸或250公升水量建议使用300w加热器；1.5m的鱼缸或450公升水量则可在缸子的左右各使用一只200w的加热器或单独使用一只500w的加热器；至于1.5m以上或500公升水量以上的鱼缸则视水量来调整加热管瓦数或使用特制的加热器。

　　②温度调节的小技巧。

　　冬季的龙鱼饲养，一般建议将水温调至28℃的恒温，但对于有些龙鱼来说，还是常会毫不领情地像是潜艇般的潜在水中底层，且游动时总是无精打采懒洋洋的模样，食欲也会降低。

此时建议饲主不妨将水温由28℃提升至30℃来观察，如情况有改善则表示此个体可能偏好这种水温，因此可将温度设定于此。此外，在加温设备方面，除沉水刻度加温器或石英加热管，最好能够运用控温器，先设定温度在28℃，刻度加温器也设定在28℃或29℃来做双重保险加温，避免因过温引起"煮鱼"的惨事发生。

🔹 龙鱼的混养

　　①龙鱼和其他种类观赏鱼的混养。

　　这是目前很多玩家热衷的饲养方式，主要有以下几种方式。

　　龙鱼和雌鲷类中型鱼类混养，代表是和红

财神、红元宝、血鹦鹉等的混养，这几种鱼都属于中层鱼类，活泼好动，有一定的争食性，和龙鱼的颜色相得益彰，而且食欲出奇地好，是非常理想的领饵鱼。需要训饵的龙鱼和这几种鱼混养在一起会很快适应人工饲料。但是缺点是龙鱼比较喜欢酸性老水，这个和过背的饲养水质要求有抵触，老水里硝酸盐和亚硝酸盐含量较高，这些是影响过背食欲和发生溶鳞的催化剂。所以要注意换水的密度。保持缸内的水质良好。底砂最好不要铺设，也不要种草，因为雌鲷类很喜欢挖砂拔草，而且能吃能拉，容易造成粪便堆积。

②龙鱼和小型鱼类的混养。比较有代表性的是草缸、神仙、七彩、灯类和龙鱼的混养。神仙类比较安静色彩鲜明，配以草缸更是让人心旷神怡。但是缺点是龙鱼需要的温度和草缸的温度有差异。一般神仙的饲养温度是25℃，七彩的是30℃，龙鱼是28℃~30℃最佳。而30℃左右水草基本进缸就会慢慢烂掉，所以应该是先把水温定到25℃，用下沉木种草，到草完全生根稳定了再下神仙或者七彩，升高温度到30℃后最后下龙鱼，这样基本不会发生烂草或龙鱼把神仙类鱼吃掉的惨祸。另外七彩是很容易生病的鱼类，用药的剂量方面和龙鱼有较大出入，对七彩有效治疗的剂量可能会杀掉龙鱼，所以要考虑好七彩的出缸治疗方法和治疗备用缸。相对而言裸缸七彩龙鱼混养的管理要比草缸轻松很多。对草不太喜欢的朋友可以考虑此种方式。

③龙鱼和鲇鱼类的混养。通常鲇鱼类都会无视龙鱼的存在，龙鱼也不会把它们当成自己的对手，所以几乎都可以相安无事。但是要注意饲养空间不要太小，否则容易在喂饵的时候由于争夺食物而伤害到龙鱼。一般来说，虎头鲨、成吉思汗、豹皮鸭嘴、铁甲武士、斑马鸭嘴都可以很好地和龙鱼相处，从红尾鸭嘴开始，撒旦鸭嘴、虎皮鸭嘴、亚马逊鸭嘴、阔嘴鲸、帝王鲸等种类就存在潜在的危险。了解这些种类食欲的恐怕都知道它们几乎可以吞下和自身尺寸差不多的鱼类。

④龙鱼和虎鱼的混养。龙虎配在目前非常得到一些资深玩家的推崇，虎鱼分两种，一是栖息于流入泰国和柬埔寨境内的湄公河的泰国虎鱼。另外一种是栖息在印度尼西亚的喀普阿斯河的有7条横纹的印尼虎鱼。理论上来说印尼虎鱼更加适合同龙鱼的混养，但是泰国虎鱼是压倒性的受到欢迎。与虎鱼的混养要注意水族箱的大小，虎鱼很快就长大的，上了40cm的虎鱼就要换到180cm的缸里了。

⑤龙鱼和缸鱼的混养。这是主流混养方式，缸鱼和龙鱼比较起来对水质的变化非常敏感，一旦水质发生异常的话，缸鱼就会起变化，此外由于缸鱼底游的习性，会把大部分沉在缸底的龙鱼粪便卷起，利于粪便被收集到过滤槽里去。与缸鱼混养要特别注意保持好的水质，稳定的温度和pH值。另外需要注意的是缸鱼尺寸的问题。太小的缸鱼可能会抢不到食物而越来

越虚弱。最好是先在其他缸里养到比较合适的尺寸后再同龙鱼混养。喂饵的时候最好训练龙鱼和缸鱼到饲养者手上来取食，这样好互动的同时也能保证所有成员都得到充分的食物。

尽管生性凶悍的亚洲龙鱼喜欢拥有自己的地盘乃不争之事实，但还是有可能把数条这类的鱼放在一起饲养。其中较合适的鱼是红龙、青龙、黄尾龙。相比之下，想要金龙品种的红尾金和过背金龙长时间地和平共处则似乎不太可能。

红龙、青龙、黄尾一般较为驯良。可以这么说，它们的脾气比较好，故把这三种龙鱼合成群。比如8～10条饲养在一起而能够相安无事的机会也比较大。有一点要注意的是，把红龙饲养在一起便不会有打斗的情形出现。总而言之，持续不断地观察才是关键所在。

小小的损伤，如撕裂的鳍、掉落的鳞片在混养龙鱼的水箱乃相当常见的现象，只需在治疗的鱼缸加入0.3％盐（给100公升水箱加300克的盐）跟Acrinavine复原药水（绿色溶液）即可有效，并快速地治疗这些身体上的创伤，同时将受伤的鱼以另一个水箱隔离开来。鱼儿可能需要一至好几个星期方能完全复原，复原的速度绝对取决于伤势的严重性、受伤的程度及受伤鱼儿的鱼龄等因素。

一向以凶残著称的金龙品种却又另当别论了。红尾金跟过背金龙两者的脾气皆不好惹，并且相当容易动怒，长时间把它们饲养在一起的后果是你会常常在第二天早上发现因为打斗而死去的鱼尸。曾因为玻璃纤维的水箱饲养了多达30～40条的15cm幼鱼，而有过无数次类似的经历，几乎每隔一个月便有一条或者甚至两条红尾金龙幼鱼死于致命的伤口。

最后必须强调的是，金龙群居的可能性根本就不存在。曾经在一些杂志上见过好些日籍的养鱼爱好者把9条过背金龙成鱼同时饲养在一个雅致的玻璃水箱里，那是一个打理得十分妥善的水箱，边上精雕细琢着漂亮的龙作为装饰。可以想象得到，9条金龙在一个大型的水箱里悠然自得地游来游去是何等地吸引人啊！能够在家拥有至少一条的过背金龙应该是任何一位养鱼爱好者心中最狂野的梦想了。

简略地说，跟人类相同，每一条龙鱼也有它各自不同的性格。你必须很幸运方能够找到性格相辅相成的鱼，鱼儿才得以长时间地一起和睦生活。这儿的关键是"合得来"。性格冲突会时常导致鱼儿打起来，万一伤口是在身体重要的部位，那么便有可能造成死亡。不管是因为繁重的工作或学业都好，倘若这些伤没被你发现或者没及时予以治疗的话，你心爱的宠物可能就这样不知不觉地死去。

所以持之以恒的观察乃所有想要将不同品种龙鱼混养在一起的龙鱼迷们，必须具备良好习惯。

热带海水观赏鱼的系列品种和饲养

　　主要来自于印度洋、太平洋中的珊瑚礁水域，品种很多，体型怪异，体表色彩丰富，极富变化，善于藏匿，具有一种原始古朴的神秘的自然美。较常见的品种有雀鲷科、蝶鱼科、棘蝶鱼科、粗皮鲷科等，其著名品种有女王神仙、皇后神仙、皇帝神仙、月光蝶、月眉蝶、人字蝶、海马、红小丑、蓝魔鬼等。热带海水观赏鱼颜色特别鲜艳、体表花纹丰富。许多品种都有自我保护的本性，有些体表生有假眼，有的尾柄生有利刃，有的棘条坚硬有毒，有的体内可分泌毒汁，有的体色可任意变化，有的体形善于模仿，林林总总，千奇百怪，充分展现了大自然的神奇魅力。

女王神仙鱼及其饲养

科种: 棘蝶鱼科

分布: 分布于太平洋珊瑚礁海域

体长: 20~25cm,扁卵圆形　　**饲养水温:** 20℃~28℃

海水比重: 1.022~1.023,海水

pH值: 8.0~8.5　　　　　　　**海水硬度:** 7°N~9°N

海水中亚硝酸盐含量: 低于0.3毫克/升

　　女王神仙全身密布网格状,有蓝色边缘的珠状黄点,背鳍前有一个蓝色边缘的黑斑,鳃盖上有蓝点,眼睛周围蓝色,尾鳍鲜艳,胸鳍基部有蓝色和黑色斑。背鳍、臀鳍末梢尖长直达尾鳍末端。

　　幼鱼时期的女王神仙,体深蓝色并有数条鲜蓝色竖纹,吻部、胸部、胸鳍、腹鳍及尾鳍为橙黄色,深蓝色的背鳍和臀鳍带宝蓝色的边线。在成长的过程中,幼鱼体侧和头部的蓝纹逐渐消失,体色也逐渐变为蓝绿色。当女王神仙长至成鱼时,体藏蓝色被金边大鳞片,前额具一带鲜蓝色斑点的宝蓝色斑。吻部、下额、胸部和腹部均为藏蓝色,黄绿色的鳃盖和胸鳍基部均有大块的鲜蓝色斑。背鳍和臀鳍的末梢尖长也直达或超过尾鳍末端,且颜色为绿蓝紫橙黄渐变,比彩虹更为艳丽。

　　女王神仙可谓所有海洋神仙鱼中最为惊艳的,因此也就成为每个海水发烧友追逐的鱼种。

习　性

　　栖息于珊瑚礁区水深1~70m之间的水域,通常穿梭于海底扇(从大陆坡麓向外海缓斜的扇形地。在海底峡谷的前缘,为沉积物所覆盖。又称深海扇或海底三角洲)和珊瑚礁区之间。多半独居或成对生活。科学解剖结果显示,女王神仙胃里的26种残余物,大部分为海绵,另外一小部分为海藻、水螅虫、苔藓虫和海鞘等被囊动物。幼鱼喜欢啄食其他鱼只身上的寄生虫。饵料有海藻、冰冻鱼虾肉、海水鱼颗粒饲料等,喜食软珊瑚等无脊椎动物。

2 皇后神仙鱼及其饲养

别名：皇后神仙鱼 、皇帝（香港）、 太后主刺盖鱼

分布：印度洋、太平洋的珊瑚礁海域　　**难养度：**一般

体长：30~40cm，卵圆形　　**繁殖：**卵生

性情：一定攻击性　　**水温：**27℃~28℃

种属：海水鱼类，辐鳍亚纲，鲈形目，棘蝶鱼科

护理：不可和软珊瑚、海葵等无脊椎等物混养

　　嘴部乳白色，两眼间有一条黑色环带，胸部黑色。体金黄色，全身布满蓝色纵条纹，臀鳍上有蓝色花纹。鱼体金碧辉煌，是热带观赏鱼中着名品种之一。

　　此鱼幼鱼和成鱼体色差异很大。幼鱼在蓝黑色的底色上有白色弧纹形成环状，成鱼变成宝石蓝的底色上有15~25条黄色纵纹，在胸鳍基部上方有一大黑斑。成鱼会发出"咯咯"声来吓退来者，会攻击同种或不同种的大型棘蝶鱼。体色华丽、高雅，俗称皇后神仙。喜栖息在潮流湍急的岬岩或崖岩壁洞，以海藻和附着生物为食。水族箱要提供活石躲藏及供其啃食。最好提供大的岩石及深的洞穴让其感到安全。会啃食软硬珊瑚、无固定根的无脊椎动物及贝类，但可以和珊瑚及一些有害的软珊瑚混养。偏爱动物性饲料。饲养时注意搭配植物性饲料。喂食螺旋藻、海藻、高质量的神仙鱼饵料、糠虾、冻虾及其他动物性饵料。营养均衡的皇后神仙鱼，其蓝色会呈现漂亮的荧蓝光芒。

　　无论是幼鱼或成鱼，鱼体都会有鲜明的蓝色轮廓，只有纯黄色的尾鳍例外。底色会因灯光条件（或因相同种类之间的杂交）而变异，图中鱼处在发期。成鱼体色呈金褐色和鲜艳的黄色和绿色，有错落有致的印数。鳃盖的后部及胸鳍的基部为鲜黄色；鳃盖有小刺保护；臀鳍和背鳍很长，延伸至尾鳍。栖息地大西洋西部及加勒比海，通常成对生活于珊瑚礁中。因原栖息地的水位较高，应养于较大的水族箱内（最小水族箱尺寸：500升）。

3 皇帝神仙鱼及其饲养

别名: 皇帝神仙, 也叫皇后神仙、蓝圈、圈帝、皇帝

分布: 分布于印度洋、太平洋的珊瑚礁海域

体长: 25~30cm, 椭圆形　　**海水pH值**: 8.0~8.5

海水硬度: 7° N~8° N　　　**性情**: 一定攻击性

饲养要求: 盐度1.020~1.025　**种属**: 棘蝶鱼科

食物要求: 杂食, 冰冻鱼虾蟹肉、海水鱼科饲料、水蚯蚓等

护理: 不可和软珊瑚、海葵等无脊椎等物混养

珊瑚兼容性: 小心　　　　　**饲养难度**: 中等

　　皇帝神仙鱼体金黄色, 体侧有9~10条由棕色边缘的银白色环带, 眼睛天后各有一条蓝色环带。尾鳍金黄色, 背鳍天蓝色有蓝色波状花纹。胸部灰色, 胸鳍、腹鳍黄色。

　　成鱼期叫做皇帝神仙鱼, 厚实的蓝色身体上布满了黄色条纹, 颜色对比明显, 嘴部是白色。幼鱼期叫做蓝圈。幼鱼期是黑色的身体带有白色及蓝色圈, 从尾部开始; 但在水族箱中, 长成成鱼后的颜色不会那么鲜艳或亮丽。可以追加一些富含营养及增色的饵料, 可能会有所帮助。

4 月光蝶鱼及其饲养

别名: 黑背蝶鱼、日光蝶鱼　**主要产地**: 印度洋

体长: 25~30cm, 椭圆形　　**海水pH值**: 8.0~8.5

海水硬度: 7° N~8° N　　　**性情**: 一定攻击性

饲养难度: 中等　　　　　　**种属**: 蝶鱼科

珊瑚兼容性: 小心

食物要求: 杂食, 可以喂食各种动物性饵料

月光蝶有一个带白边的黑色斑块在背部及背鳍上，身体下半部色彩丰富。

最小水族箱尺寸：需要350升以上的水族箱，足够空间游泳及良好的水质。

如果不是同时入缸，它将对同类进行攻击。可以养在珊瑚缸里，但它会吃大部分的硬珊瑚、一些软珊瑚及活石上的无脊椎动物。

5 月眉蝶鱼及其饲养

别名：红海白眉蝶、白眉	**种属：**蝶鱼科
主要产地：分布于印度洋及太平洋珊瑚礁海域	
最大体长：21cm	**适合水温：**26℃
海水比重：1.030	**性情：**温和
饲养难度：容易	**珊瑚兼容性：**危险
食物要求：杂食。可喂以动物性、藻类及人工饲料	

月眉蝶身体是由黄、橘黄组成，但身体上半部的颜色要黯些。眼睛周围是黑的，显得旁边月牙形的白色很突出。英文名直译是浣熊蝶，真的很像浣熊。

可以用350升以上水族箱与其他蝶鱼混养。不要放入珊瑚缸中，它会吃掉软体动物和无脊椎动物。

刚入缸时，如果不吃食，可用小海葵诱使其开口。一旦适应新的环境，你可以喂它各种切碎的海鲜，冷冻的也可，一天多喂几次。

最小水族箱尺寸：350升。

6 人字蝶鱼及其饲养

别名: 白刺蝶、丝蝴蝶鱼、扬旛蝴蝶鱼

种属: 海水鱼类,辐鳍亚纲,鲈形目,蝴蝶鱼科

主要产地: 红海、印度、太平洋、中国南海及台湾海域

体长: 可达23cm   **水温:** 22℃~26℃   **pH:** 8.1~8.4

海水比重: 1.020~1.025   **性情:** 温和

饲养难度: 容易   **兼容性:** 危险

　　人字蝶是一种非常流行的蝶鱼,属于比较好养的蝶鱼。在野外,通常生活在珊瑚礁周围。和其他海鱼一样,会因地域的不同,而颜色各异。最小水族箱尺寸: 190升。

　　人字蝶性情温顺,需要提供足够的躲藏地点供其隐藏,在纯活石缸放置它是很合适的,它会在活石上取食。人字蝶在背鳍至头部有斜带5条。成鱼背鳍眼状黑斑的上方有丝状延长,而且身体后半部的黄色部分较广,很容易与假人字蝶区别。红海的人字蝶背部上几乎没有黑色的眼点。此鱼在珊瑚礁、藻丝中出现,成群游动,很受鱼迷喜爱。人字蝶可吃各种动物性饵料及藻类,冰冻的、干的、人工饵料都可以喂,干海藻也是很好的食物,也可以追加一些像芦笋、椰菜等植物性饵料。

7 红小丑鱼及其饲养

别名: 番茄小丑、白条双锯鱼   **体长:** 可达14cm

分布: 西太平洋和东非洲   **性情:** 温和

种属: 海水鱼类,辐鳍亚纲,鲈形目,雀鲷科

水温: 24℃~27℃   **pH:** 8.1~8.4   **比重:** 1.020~1.025

兼容性: 安全   **食性:** 杂食性   **难养度:** 容易

红小丑鱼的体色红或偏黄，在靠近眼睛后面有一条银白色环带，全身有一条横纹带斑，随着成长白色斑纹会逐渐消失，有的鱼中间还有一条白色带斑。栖息在珊瑚礁区，与海葵共生。

红小丑鱼雄性体色为红色，雌性成鱼身体两侧呈黑色。有性转换现象，先雄后雌。以藻类、浮游生物为饵料。水族箱最好不要和胆小的不爱吃食的鱼放在一起，因为它们鱼龄越大，领地意识越强，这时它们往往具有一定攻击性。喂食容易，几乎什么都吃。

红小丑鱼是雀鲷科的一种，因为与腔肠动物里的海葵共生而又名海葵鱼。

海葵因为触手有毒，所以通常鱼类都不敢接近，小丑鱼（双锯鱼之一）却毫不在乎地在这些触手中穿梭。

小丑鱼以海葵为它行动的领域，如觅得食物也一定将食物带回此领域范围，它们吃剩的食物便成为海葵的食物，至于小丑鱼是否有意将食物给海葵吃，则不得而知了。

小丑鱼与海葵为伍，主要是寻求庇护。海葵不但保护小丑鱼，还给它们提供食物。小丑鱼的主要食物是浮游生物，但也经常把海葵坏死的触手扯下来，吃上面的刺细胞和藻类。小丑鱼对海葵的好处，主要是帮助它们清理卫生。海葵不能移动位置，因此很容易被细砂、生物尸体或自己的排泄物掩埋窒息而死。小丑鱼在海葵的触手中间游来游去，搅动海水，冲走海葵身上的"尘埃"。如果有较大的东西落在海葵身上，小丑鱼便立即叼走，为它除去一害。

最小水族箱尺寸: 120升。

蝶鱼和小丑鱼其实是热带海洋观赏鱼的主角，因为它们拥有美艳的体色，娇美的轮廓，蝶鱼两侧扁平椭圆的体型，再加上既尖又小的嘴巴，正符合其天然处所环境——珊瑚礁，它们利用身体扁平细瘦的特征，穿梭于珊瑚礁岩缝中，而身上的花纹恰好作为掩饰，保护自己，许多蝶鱼尾部有一似眼的黑圆斑点，那是它们用来诱骗攻击者的假眼，作用在于让攻击者错误地攻击其背鳍有坚硬背鳍刺端，以保护自己。蝶鱼的地域性不是很强，虽有时争斗，但并不会经常发生。食性以藻类、海绵、珊瑚为主，有些品种也可会吃一些小动物类及浮游生物。

蝶鱼的人工饲养

蝶鱼其实是一个真正考验我们养殖水平的鱼种。以前养淡水鱼时，有一种说法"扁形鱼比纺锤形鱼难养"，这个观点用到蝶鱼确实一点也不错。蝶鱼由于进食的嗜好及习惯，加上它适应新水质环境能力差，所以养好它们是具有挑战性的。实践证明，蝶鱼对水质要求较高，如果一旦稳定地生存下来，请务必保持好已建立好的水质状况，在操作中应耐心、细心地及时总结成功的经验，掌握住最佳状态时的水质数据。

总之，一开始不要养它们，当你的水族箱的水质稳定及条件成熟时，再开始养它们。另外，它们不能在无脊椎造景缸中放养，因为它们会吃缸中的珊瑚及软体类生物，而养它们的水族箱最好是水量较大、过滤维生设备完善的水族箱，并在缸中放一些岩石或珊瑚石，一是能够美观水族箱，还能提供其匿身处。

海马及其饲养

种属: 海水鱼类, 辐鳍亚纲, 海龙目, 海龙科

主要分布: 太平洋及中国南海和台湾海域

体长: 长达30cm	**适合水温:** 24℃~27℃

比重: 1.020~1.025　　**pH:** 8.1~8.4　　**性情:** 温和

饲养难度: 一般　　**兼容性:** 安全　　**食性:** 肉食性

　　雄海马腹部有育儿囊袋, 雌海马产卵于袋内, 由雄海马负责孵卵。栖息在海藻茂盛的海域, 用尾巴钩住海藻, 伪装成海藻状而捕食靠近身边的小虫虾, 能随环境而变更体色, 善吃活动的小虫、虾。

　　最小水族箱尺寸: 150升。水族箱中最好成对饲养, 或小群单品种饲养。水族箱需要高一些, 最少40cm及良好的循环系统。

　　可与一些小的温和的鱼混养, 像虾虎、小丑等。但不要和凶猛的、活跃的鱼混养。发情时, 雄海马会不断变化体色, 展示腹袋来吸引雌海马的注意, 并且跳一种非常优美的舞蹈。如果彼此接受, 会相互缠住尾巴, 跳舞, 雌海马会把卵产在雄海马的袋子里, 一般会产60枚左右的卵。大约14天以后, 雄海马会孵出50~60只小海马。

　　当刚入缸时, 用活的海水虾诱其开口。在水族箱中繁育的海马很适应吃冻的糠虾, 还可以吃在活石生活的片脚类动物及小甲壳类动物; 也接受富含营养的成年海虾, 但不能作为主要食物。它们吃食很慢、很谨慎。

9 蓝魔鬼鱼及其饲养

别名： 吻带豆娘鱼、单斑豆娘鱼、圆尾金翅雀鲷、鳃斑金翅雀鲷

种属： 海水鱼类，辐鳍亚纲，鲈形目，雀鲷科

分布： 西太平洋、中国台湾及南海　　**性情：** 一定攻击性

体长： 8.5cm，椭圆形　　**水温：** 24℃~27℃　　**pH：** 8.1~8.4

海水比重： 1.020~1.025　　　　**饲养难度：** 容易

护理： 水质要求澄清，可以和海水无脊椎动物混养

　　蓝魔鬼鱼全身都是鲜艳的蓝色，体型较小，头部有细黑点缀成的一条黑线纹。栖息在较浅的水域。游动迅速，非常活泼可爱。在自然界，它们时刻围绕在珊瑚礁附近，从不远离，因为一旦发生危机，它们会很快地钻入珊瑚礁内躲过攻击。

　　该属鱼体色基本为单一体色，以蓝色居多，也有黄色、黑色等。雌雄两性并无明显差异，在繁殖期间，雄性鱼颜色会变淡，喜小群聚集或独居。但每当潮流涌来，浮游生物大量出现时，由各处会聚而来的蓝魔鬼鱼会成千结群活动于中层水域。饲养时群栖，但也有相互啄对方的现象。不攻击无脊椎动物及海葵，是混养水族箱的好配鱼。当它成熟时，对新加入的鱼有一定攻击性，可以提供尽可能多些的洞穴减少其领域意识及攻击性。对水质的容忍性及尺寸小使它成为"闯缸"的首选。

　　该属鱼是极好养的品种，表现在对水质的要求不是很严格，而"三点白"这一类又极耐恶劣水质（亚硝酸盐指标高）。可以放养在软体缸中。新缸建好后，如喜欢该属鱼的，可将该属鱼最先投入缸中，用来加速水质维生系统的成熟稳定，并通过观察它们能了解到缸中水质的变化，以确定下面那些较高要求的品种投放。在它们认为安全的环境中，会非常活跃和顽皮的，一刻不停地穿梭在水族箱中，嬉戏自在；但如果它们认为不安全产生紧张的时候，就会因这紧张的情绪四处扰闹，甚至出现相互攻击的现象。喂养它们也非常方便，动物性饵料、藻类及人工饵料都可以。由于体形较小，小一些的水族箱也能放养。

　　最小水族箱尺寸：150升。

温带淡水观赏鱼的系列品种和饲养

　　温带淡水观赏鱼是对水温要求比较低的观赏鱼类，通常适宜在寒带地区生长发育。主要有红鲫鱼、中国金鱼、日本锦鲤等，它们主要来自中国和日本。

1 红鲫鱼及其饲养

别名: 草金鱼、金鲫鱼

体长: 30cm~50cm

　　红鲫鱼的体形酷似食用鲫鱼,依据体色不同分为红鲫鱼、红白花鲫鱼和五花鲫鱼等。

　　红鲫鱼最早有文献记载是战国时代,古名金鲫,是金鱼的祖先,体形和尾鳍与普通鲫鱼相同,细长而短小。红鲫鱼因长期驯养,常在水面游动,能随人的拍手声列队而游;若喂以食物,还会群集水面争食,做戏水状,非常有趣,适合公园大池饲养。

　　草金是所有金鱼的祖宗,发现金鲫鱼最早的时间,约在晋朝(265年~420年)。

　　红鲫鱼体质健壮,抵抗力与适应性强,食性广,不需精细管理,饲养简便;养在池中,若饵料充足,生长较快,三年体重可达500克以上。

　　红鲫鱼体呈纺锤形,尾鳍不分叉,背、腹、胸、臀鳍均正常。体质强健,适应性强,食性广,容易饲养。体色除红色外,还有红白花、五花等。适合于公园及天然水域大面积饲养,也可在庭院缸池内及水族箱内饲养。

　　长尾红鲫鱼(草金)——燕尾。燕尾体短而尾特长,尾鳍约为鱼体全长的2/3或1/2,尾鳍后面分叉似燕子尾形,故名燕尾。它是比草金鱼进化程度更高的鱼种。性格活泼,易饲养。在花色上,除红与白及红白相间的花色外,还有玻璃花和五彩等。现有的品种有红燕尾、红白燕尾等。英、美等地称"彗星"。各鳍修长,似迎风飘带一般,游姿非常优美,适合在水族箱中饲养,侧面欣赏。

①喂食：饲喂的都是富有营养的动物性饲料和白芝麻等。动物性饲料如水蚤、蚯蚓、黄粉虫、青虫、皮虫等。主要喂食的是蚯蚓和白芝麻。红、黑的蚯蚓都可喂。不要喂买来的劣质金鱼饲料。因为这种饲料淀粉太多，营养差，不易消化，水质容易污染，金鱼吃了营养不良，金鱼生长就比较慢了，还容易得病。金鱼只要吃的是容易消化的食物是不会撑死的。一般每天上午、下午喂食各一次，不宜多喂，以吃尽为止，否则会污染水质的。

②光照：最好把鱼缸放在有阳光照射1～2小时的地方。这样利用阳光的紫外线杀菌。起到防病的作用，这样可以减少疾病。尽量做到鱼病预防为主，用药为辅。同时，由于光合作用，鱼体的颜色也比较鲜艳美观。

③换水：要经常换水，增加水中的溶解氧。换水时只能换去三分之一至四分之一，不能一下子换去很多，鱼儿不适应。保持水族箱中水质澄清至为重要。水中有充足的溶解氧鱼才能生长，长得快。否则就停止生长，甚至死亡。 什么时候换水，没有定论，可根据水质而定，水质混浊的多换，否则少换。

④放养密度：家养的长方形水族箱因体积较小，千万不可多养，宜少不宜多。如在长为40cm、宽25cm、高30cm的容器内，可饲养5～7cm长的小金鱼6～8尾。如直径为26cm、高为13cm的圆形玻璃缸，可养4～6cm的小金鱼4～6尾。鱼体身长超过8cm的成鱼，不宜在小型的玻璃缸中饲养，而需在大玻璃缸中或大的陶瓷缸中饲养，并配以小型充氧机备用，以防缺氧。这些放养密度只是参考数字，还要看水温的高低、鱼体的强弱和水质的好坏来决定，不能机械行事。一般说来，鱼体大，养数少；冬季多养，夏季少养；水温低时可多养，水温高时要少养。家养金鱼，如掌握了上述要点，就一定能够使金鱼保持健康活泼，色彩鲜艳，游弋水中，受人喜爱，使您百看不厌，其乐无穷。

动物性饵料：

①水蚤：俗称鱼虫。它是节肢动物，体色有棕、红棕、灰色、绿色等。鱼虫季节性生长，又有夏虫和冬虫之分。夏虫在清明节前后大量繁殖，体色血红，个体较大，数量较多，营养价值极高，它们多生活在可流动的河水中。冬虫数量较少，体色青灰，营养价值较低，它们多生活在静水池塘或湖泊中。鱼虫是淡水观赏鱼的主要饵料，金鱼和热带鱼一生以此为食。

②水蚯蚓：又名红丝虫、赤线虫，属环节动物中水生寡毛类，体色鲜红或青灰色。它们多生活在江河流域的岸边或河底的污泥中，密集与污泥表层，一端固定在污泥中，一端生出污泥在水中颤动，一遇到惊动，立刻缩回污泥中。水蚯蚓的营养价值极高，投喂前要在清水中反复漂洗，它是金鱼和锦鲤非常爱吃的饵料，也是鳗苗的主要饵料。上海的黄浦江在河水退潮后，岸边的污泥中生有大量水蚯蚓，每年的春秋季节都会有人大量捕捞。

植物性饵料：

芜萍，俗称无根萍、大球藻，它是多年生飘游植物，多年生活在静水池塘或河流中。

红鲫池塘养殖技术

红鲫体型近似于高背银鲫，生长速度快，当年鱼苗稀养可达300克，比同池混养的高背鲫摄食速度快，有效地提高了饲料利用率。抗病能力强，近两年养殖未发现病害。体色火红，色泽鲜艳，肉质鲜嫩，具有食用与观赏双重经济价值。

鱼苗培育技术

①鱼苗池的清整与消毒：3月下旬，做好鱼苗池的准备工作。鱼苗池以面积1~5亩、水深0.8~1.5m、东西向长方形为好。清除池内杂草，挖除池底过多淤泥，用生石灰消毒鱼苗池。

②注水培肥水质：培育池消毒3天后，加注新水至0.5m深水位，加水时安置过滤网。培肥水质，每亩施发酵人畜粪300公斤。

③鱼苗下池时间：选择晴天上午10时左右，在池淤泥少、底质较硬的上风处放苗。鱼苗放养密度为每亩20万尾。

④鱼苗的饲养管理：鱼苗下池后每天分上、下午两次投喂黄豆浆，全池泼洒，每天每亩喂干黄豆5~6公斤。鱼苗在培育阶段日增重速度快，要不间断地加注新水，增加水体体积和溶氧量。当红鲫鱼苗经20多天的培育，体长达到5~8cm时即可分池进入鱼种饲养阶段。

⑤鱼种的饲养管理：每亩放养红鲫夏花5000尾、白鲢寸片200尾、武昌鱼1000尾。红鲫鱼种在7月中旬，红色色素逐渐增加，7月底基本呈现红色。红鲫鱼种的管理基本与高背鲫鱼种相同。

成鱼养殖技术

①池塘条件:面积5~20亩,水深1.5~2.5m,排灌设施齐全,交通便利,电源充足。

②放种时间及密度:每年的冬季池塘清整后,投放鱼种。混养方式:亩放尾重50克左右红鲫300尾,高背鲫(或其他优良鲫鱼)600尾,武昌鱼50尾。主养方式:亩放尾重50克左右红鲫800尾,高背鲫200尾、武昌鱼50尾,上层水体适当放养花白鲢。放种时用3%的食盐水浸洗5~10分钟。

③饲养管理:冬季红鲫食量小,宜投喂花生麸饼。初春随着水温增高,开始投喂混合料,也可投喂含粗蛋白32%的颗粒饲料,粒径2mm,日量按体重2%投喂。进入6月份红鲫摄食量增大,特别在6~9月底摄食量大,日量按体重5%~8%灵活掌握。武昌鱼以青饲料为主,精料为辅,每天上午捡青料投喂。10月份红鲫、高背鲫、武昌鱼尾重均达到400~500克,这时要均衡上市销售。在生长旺季,定期加注新水,调节水质。增氧机每天黎明之时及晴天中午开机1~3小时。每半个月投放生石灰1次,每亩40公斤,化浆全池泼洒,预防鱼病。

红鲫生长速度快,当年鱼苗稀养可达300克,体色火红,色泽鲜艳,肉质鲜嫩,具有食用与观赏双重经济价值。

④驯化:初期以豆浆为主搭配红虫。在投食台一边泼洒,逐渐缩小面积,当鲫鱼体长长到5cm左右,体重约为10克左右改用全价颗粒在投食台一边泼洒并逐渐缩小泼洒面积形成几个点,最后汇集料台,根据水质肥瘦进行药物处理,使水质变清、变瘦,利于鲫鱼驯化,一般而言鲫鱼驯化需要10天左右。

投饲采用"四定"法,实际根据天气、季节、水温及鱼的生长情况随时调整投饲量。

水质管理:保持溶氧3毫克/升,透明度25~30cm。鱼病以预防为主。

2 红白花鲫鱼及其饲养

又名草金鱼，草金鱼体型近似鲫鱼，是金鱼中最古老的一种，身体侧扁呈纺锤形，有背鳍，胸鳍呈三角形，长而尖。红白花草金鱼，尾鳍较短，单叶，呈凹尾形；头部和身体上红、白色兼有。

饲养方法与红鲫鱼类同。

3 五花鲫鱼及其饲养

饲养方法与红鲫鱼类同。

> **一种生产花鲫鱼的方法**
>
> 其特征是选用健康无病、性成熟的草金鱼做母本和健康无病、性成熟的锦鲤做父本，两者花色不限；在繁殖季节对母本进行人工催产，用父本精液进行人工授精，进行脱粘流水孵化，待幼鱼长出腰点时下塘，长到5 cm后进行颗粒饵料驯化培育。本方法获得的子代鱼体表颜色呈现绿、黄、金黄、银色、红斑等多种花色，有的具有散鳞型，不但可食性好，而且具有观赏性，体型大，省饲料，便于大面积饲养，产量高。

4 锦鲤鱼及其饲养

原产地及分布：日本		**性格**：温和	
成鱼体长：60.0~100.0 cm		**硬度**：0.0° N~30.0° N	
适宜温度：15.0℃~25.0℃		**酸碱度**：pH 7.0~7.5	
繁殖方式：卵生		**活动水层**：底层	

　　锦鲤的祖先就是我们常见的食用鲤，鲤鱼的原产地为位居中亚的波斯，后传入日本。在日本被改良为观赏用的锦鲤，有200多年历史，是一种名贵的大型观赏鱼。

　　锦鲤体格健美、色彩艳丽，其体长可达1~1.5m，寿命也极长，能活60~70年，寓意吉祥，相传能为主人带来好运，是备受青睐的风水鱼和观赏宠物。日本人常置水池于庭院中饲养锦鲤。

　　锦鲤在日本又称为"神鱼"，象征吉祥、幸福。日本人把锦鲤看成是艺术品，有水中"活的宝石"之美称，并培育出黄斑、大正三色、昭和三色等具有较高观赏价值的名贵品种。

　　锦鲤生性温和，喜群游，易饲养，对水温适应性强。杂食性。锦鲤个体较大，体长可达1m，重10千克以上。性成熟为2~3龄。寿命长，平均约为70岁。

🌿 锦鲤的品种

　　锦鲤的分类：根据鳞片的差异可分为两大类，即普通鳞片型和无鳞型或少鳞型。

　　无鳞的草鲤和少鳞的镜鲤是从德国引进的，所以常叫做德国系统锦鲤。按其斑纹的颜色即可分为三大类，即单色类如浅黄、黄金、变种鲤等；双色类如红白、写鲤、别光等；三色类如大正三色、昭和三色、衣等。现在，全日本的"爱鳞会"则采用13种的分类法：红白、大正三色、昭和三色、写鲤、别光、浅黄秋翠、衣、变种鲤、黄金、花纹皮光鲤、写光鲤、金银鳞、丹顶。

锦鲤对生活环境的要求

　　锦鲤和金鱼一样对水温、水质的要求并不严格，锦鲤生活的水浊范围为2℃~30℃。锦鲤对环境适应性虽强，却有不能抵抗水温急骤变化的弱点，如长期人工饲养，水温升降2℃~3℃时尚能忍受，温度下降或升高的幅度超过2℃~3℃时，鱼容易生病，温度升降幅度加大到7℃~8℃时，鱼会匍匐于水底不食不动，若温度突变幅度再大，锦鲤甚至会立即死亡，锦鲤最适生活的水温是20℃~25℃。在这种温度的水中，锦鲤游动活跃，食欲旺盛，体质健壮，色彩鲜艳，由于科学的发展，在有条件的爱好者家中如能利用保温器和冷温器分别在冬季及夏季调节水温，控制到最适宜锦鲤生长的水温，使鱼能有舒适环境而生长迅速更为理想。锦鲤在水中生活依靠鳃吸收溶于水中的氧，将氧送到鱼体中和吸收的食物营养成分化合而产生能量以维持生命，所以水中是否有充足的氧是养好鱼的关键，根据研究的结果，锦鲤每千克体重每小时所需的氧量在水温5℃~6℃时为35毫克/升，由此证明水温越高，耗氧量越大。

　　锦鲤适于生活在微碱性、硬度低的水质环境中。

　　锦鲤的食性：锦鲤是杂食性，一般软体动物，高等水生植物碎片，底栖动物以至细小的藻类，都

是它的食物。由于锦鲤对食料适应的范围广以及对其他生活条件的要求也不十分严格，所以生命力较强。随着鱼体生长的变化和季节的不同，摄食情况也随着变化。夏季锦鲤的摄食强度最大，到冬季则几乎完全不进食。刚孵出的仔鱼，食物大体是轮虫和小型枝角类；3cm以上的幼鱼，则以底栖生物，昆虫幼虫、贝蚴、螺蛳和水生高等植物碎片等为食。锦鲤除了能将饲料吞咽之外，还能从池塘底泥中析取食物。锦鲤上下颌无齿，而常以发达的咽喉齿咀嚼坚硬的食物。

锦鲤的繁殖方法

① 亲鱼的选择。

在北方，一般选用前一年留作种鱼的锦鲤，在室内度过冬季后，于3月中下旬移至室外鱼池中饲养。此时，再进一步选择优良的亲鱼来繁殖后代。锦鲤繁殖的适龄一般在3~8足龄，体重达1.5公斤以上。挑选体质健壮、外表丰满圆润，鳞片光润整齐，泳姿稳健；头圆，体长，无畸形，无损伤，无病害，色泽光亮、均匀的鱼作为亲体。从外观看，雌鱼身体短粗而丰满，腹部膨大，越接近临产腹部膨大越明显。头部稍窄并略长，胸鳍端部呈圆形。雌鱼生殖孔稍宽而扁平，微有外突，用手轻压腹部有卵粒泄出；雄鱼身体较瘦长，胸鳍端部略尖，在胸鳍的第一根鳍条和鳃盖上有若干白色"追星"，而生殖季节过后追星自然消失。雄鱼生殖孔小而下凹，用手压有乳白色的精液流出。

②准备工作。

采用水泥鱼池作为产卵池，鱼池面积是4m×4m的方形池或者是4m×5m的长方形池较为适宜。过大不便管理，过小又影响亲鱼的产卵活动。水深在30~40cm间，以含氧量充足，水质清洁，氢离子浓度39.81~63.09nmol/L（pH7.2~7.4）微碱性、硬度低的水质为好。 鱼巢也要非常重视，鱼巢是用来附着鱼卵的，产卵之前一定要先准备好。一般以狐尾藻（红根莲）、棕树皮、柳树须根（要经过多次煮过）等做鱼巢较好。也可将塑料纤维材料制成水草状，作为产卵巢，既经济又耐用。用准备好的材料，撕成小条，再扎成小束，然后将小束按一定间距绑在细竹竿上，间距与束把长度相同即可使用。 孵化池用3m×3m、水深30cm的水泥池。孵化池的水温要和产卵池的水温相同。如果两池的温差大于5℃时，会降低孵化率，甚至死亡。其孵化期的长短和水温的高低有关，温度越高，时间越短。但也要注意温差不能太大。当发现池水变成浅灰白色时，要立即换水，新旧水温差不得超过1℃。孵化池不宜有强烈的阳光照射，水温不能超过30℃，受精的卵在15℃水温下只需两天即可孵化鱼苗。

③繁殖方法。

锦鲤的繁殖期与普通鲤鱼相似，一般在每年4~5月。当水温稳定在16℃~18℃以上时，即可将雌、雄锦鲤按1:2的比例挑出放入准备好的水池里，在水池中预先放置消毒好的鱼巢，让其自行产卵。一般在水温上升到20℃后开始大量产卵，产卵的时间在凌晨4点左右开始直到上午10点或中午为止。如果天气突然变化，水温急剧下降的话，就会中断产卵。当发现卵巢附满卵时，将其捞出换上新卵巢。亲鱼第一次产卵后，相隔两周左右又会产卵，待产卵完毕，需将卵全部捞出放入孵化池中，以免被亲鱼吞食。 一般1尾30~40cm长锦鲤的产卵量为20~40万粒。还有的在产卵约1个月以后，会再产出前次未产尽的余卵。锦鲤的卵和金鱼的卵一样，也是体外受精，属于黏性卵。卵粒的大小，同母体的大小和年龄的不同而不同。卵径一般2.1~2.6mm，受精卵吸水后，卵径会变大。观察其产卵结束后，把亲鱼捕起，把附着卵粒的鱼巢从产卵池中取出后，在5%~7%的食盐溶液中浸润5分钟，或者3ppm的甲基蓝溶液中浸15分钟，进行消毒。然后再一如孵化池中孵化。这样的浸润可以有效预防水霉病。5~7天后鱼苗孵出即进行培育。 如果想培育锦鲤新品种，用自然杂交法比较困难时，可以采用人工授精的方法。待亲鱼发情达到高潮出现追逐时，将亲鱼鱼体握于手中，握的方法是用左手握住鱼尾柄，右手握在鱼的头下背脊处，腹部朝上成45度角，轻轻擦干体表，然后轻压雌鱼腹部，使卵子流入干燥的脸盆中。同时将雄鱼的精液挤到上面，用消毒过的羽毛轻轻搅动，使之受精。隔两三分钟后，将受精卵均匀地到入预先置于浅水脸盆中的鱼巢上。静置10多分钟，待卵粘固后，用清水洗去精液，即可进行孵化。

④仔鱼的管理。

鱼苗孵出后，最好在孵化池中增放一些水浮莲供鱼苗栖息。孵出的仔鱼，不食不动，依靠卵黄囊中的营养物质，维持鱼体生存需要的能量，用鱼体上的附着器官吸附在鱼巢上。一般在鱼苗出卵3~4天后，卵黄囊内的营养物质被吸收完毕时，仔鱼才开始游动觅食。此时，应立即将鱼苗捞往苗种池。第一周用熟蛋黄、豆浆、藻类、软虫等作饵料。1周后，投喂水蚤、红虫和切碎的丝蚯蚓等，并适当补充人工配合饲料，每天上、下午各喂1次。当鱼体长到2cm以上时，即可移至成鱼池饲养。在迁移的时候，必须根据鱼体的优劣进行第一次挑选，留优去劣。每挑选一次，就要调整一次放养密度。孵化后的仔鱼饲养20天至1个月，鱼体长到3cm左右时，就要进行挑选，目的是存优除劣，强化生长速度，保护遗传性状。鱼苗的培育过程也是一个择优汰劣的过程，是一个多次选择培育过程。选择过程一般在仔鱼孵出后的3个月内进行3~4次。第一次挑选：在仔鱼孵出后的20~30天内进行，当鱼体长到3cm左右开始。主要是选留体质健壮、游动活泼、品种特征明显的个体，对于其他个体则淘汰掉，或另行培育出售。但因品种不同，其生长速度和形成斑纹的时间也不相同。例如：昭和三色锦鲤约在孵化后15天左右开始挑选，黄金类锦鲤则从孵化后50天左右开始，红白系列和大正三色系列的锦鲤从孵出后60天左右开始。第二次挑选：在第一次挑选后20天左右开始。选择标准为鳍形的好坏，色彩鲜艳与否，图案斑纹是否清晰，品种特征是否明显等等。此后的第三四次挑选与第二次挑选基本相同。其要点是：依照花纹的生长状况和质量好坏的标准进行挑选，去掉畸形、色彩不鲜艳的鱼。如红白系的锦鲤，则淘汰红斑纹颜色淡的；黄金系锦鲤则淘汰头部无光泽、鳞片覆盖不好、鱼体杂斑多、胸鳍生长不好的鱼。锦鲤在喂养过程中的淘汰率一般很高。有关资料介绍，亲鱼产卵10万粒，经4～5日孵化后，获鱼苗6～7万尾；再经过20天的喂养可获体长为2cm的幼鱼3万尾；至7月份经过第一次挑选，留强去弱，只留下5470尾；到11月越冬时，就只有3600尾；等到1年，就只能留下精壮的大鱼2300尾了。可见淘汰率之高。在实际的操作中，为了保持品种的纯正，也必须进行很严格的淘汰。

➢ 锦鲤的家庭一般饲养技术

作为观赏鱼类新品种的锦鲤已成功地进行了人工繁殖，越来越受到广大养鱼爱好者的欢迎。锦鲤作为一种大型观赏鱼，不仅可以用来布置庭院在水池中饲养，而且也可以在室内水族箱内饲养。

①水族箱的选择与配置。

要根据家庭条件选择不同规格的水族箱，但由于锦鲤和金鱼的生活习性不同，这体型大活动量亦较强，所以选择的水族箱不应太小，一般容水量最好不小于60千克。饲养较大体型的锦鲤，水族箱还要适当加大，容水量应不小于200千克。由于锦鲤的活动量大，耗氧量强，所以水族箱要配置滤水器和增氧泵，以保证水中有充分的氧气和水质的清洁。

②饵料和投喂方法。

锦鲤是一种杂食性鱼类，无论动物性饵料或植物性饵料都可以选做锦鲤饵料，如水蚤、水蚯蚓、饭面食等。但以选择观赏鱼专用的合成饵料为好。在水族箱饲养投饵时应特别注意投喂量不宜过大，根据平日观赏情况只喂七八成饱即可，否则会造成不良后果，轻则造成鱼的消化不良，重则剩食破坏水质，晚上最好不要喂食。

③水质和温度。

锦鲤的饲养条件与金鱼不同，它需要较高的水质条件，酸碱度以中性（pH7～7.4）为宜。水族箱内污浊发白的水最容易发生死鱼，出现此情况，应及时采取措施或把水全部换掉。水温一般保持在15℃～25℃之间最适宜。

④不宜混养。

锦鲤是一种杂食性大型观赏鱼，各种观赏鱼的生活习性又都各有差异，所以最好不要同其他观赏鱼类混养。

在饲养锦鲤时，由于每个人的爱好不同，饲养条件亦有差异，因此在锦鲤选择上要根据个人的爱好、饲养的水平和家庭条件。在选择时应注意以下几点：

一是选体型端正的锦鲤。因为锦鲤和其他鱼类一样，在遗传中会发生一些异常现象，有些幼鱼有先天性畸形，如头部歪斜、身体弯曲等，这种鱼没有任何观赏价值，应首先淘汰。

二是注意鱼体有无明显外伤、出血等其他病状。有些鱼虽无明显外伤疾病，但游动迟缓呆滞，食欲不振，经常浮于水面或扎在水族箱角落不动，这说明鱼体内部器官患有其他病状，也不应作为选择的对象。

三是选择品种特征明显的鱼，即选择色泽纯正、鱼体花斑能形成一定艺术性图案的个体为对象。

四是注意在颜色、品种上的点缀。

金鱼及其饲养

别名: 中国金鱼　　**原产地及分布:** 东亚　　**性格:** 温和

成鱼体长: 16.0~20.0cm　　**适宜温度:** 15.0℃~30.0℃

酸碱度: pH 6.0~8.0　　**硬度:** 4.0° N~18.0° N

活动水层: 底层　　**繁殖方式:** 卵生

　　金鱼也称"金鲫鱼",是由鲫鱼演化而成的观赏鱼类。在中国,至少早在宋朝(960~1279)即已家养。野生状态下,体绿褐或灰色,然而现存在着各种各样的变异,可以出现黑色、花色、金色、白色、银白色及三尾、龙睛或无背鳍等变异。几个世纪的选择和培育,已经产生了125个以上的金鱼品种,包括常见的具三叶拂尾的纱翅、戴绒帽的狮子头及眼睛突出且向上的望天。

　　金鱼和鲫鱼同属于一个物种,属于鱼纲硬骨鱼纲鲤形目鲤科鲫属。金鱼的品种很多,颜色有红、橙、紫、蓝、墨、银白、五花等,分为文种、龙种、蛋种三类。

　　原产于东亚,但已在其他许多地区繁殖。近似鲤鱼但无口须。杂食性,以植物及小动物为食。在饲养下也吃小型甲壳动物,并可用剁碎的蚊类幼虫、谷类和其他食物作为补充饲料。春夏进行产卵,进入这一季节,体色开始变得鲜艳,雌鱼腹部膨大,雄鱼鳃盖、背部及胸鳍上可出现针头大小的追星。卵附于水生植物上,孵化约需一周。观赏的金鱼已知可活25年之久,然而平均寿命要短得多。在美国东部很多地区,由公园及花园饲养池中逃逸的金鱼,已经野化了。野生后复原了本来颜色,并能由饲养在盆中时的5~10cm长到30cm。

金鱼的饲养方法

　　金鱼的生活环境是水体，水体的好坏决定其生活环境的优劣。金鱼的适应性较强，对水质的要求并不十分严格，加之饲养金鱼的用水经过严格的观测和选择，一般不会含有有毒物质。现就对金鱼的新陈代谢、生长发育密切相关的影响因素分析如下。

　　气候因素：主要包括温度、光照、湿度、降水量、风、雨（雪）等物理因素，它们都不同程度地影响到金鱼的生活，而对金鱼的生活有直接影响的主要是温度，因为饲养金鱼的水体都比较小，气候的变化能很快影响到水温的变化，水温的急剧升降，常会引起金鱼的不适应或生病，甚至死亡。这说明金鱼对水温的突然变化很敏感，尤其是幼鱼阶段更加明显。虽然金鱼在温度为0℃~39℃的水体中均能生存，但在此范围水温中，如果水温突变幅度超过7℃~8℃，金鱼就易得病，如果突变幅度再大，就会导致金鱼死亡。因此，在气候的突然变化或者金鱼池换水时均应特别注意水温的变化。金鱼生活的最适水温为20℃~28℃，在此温度范围内，水温越高，金鱼的新陈代谢越旺盛，生长发育也就越快。这时的金鱼游动活泼，食欲旺盛，体质壮实，色彩艳丽。

金鱼的食性

　　金鱼食性很广，属于以动物性食料为主的杂食鱼类。金鱼和其他鱼类一样，要求食物中含有蛋白质、脂肪、碳水化合物、各种维生素、无机盐类和微量元素营养丰富的食物，才能保证金鱼的生长发育。

　　①金鱼的植物性饵料。

　　常见的有芜萍、面条、面包、饭粒等。其中芜萍是种子植物中体形最小的种类之一，营养成分好，喂前要仔细检查是否有害虫，必要时可用浓度较低的高锰酸钾溶液浸泡后再投喂，杜绝给金鱼带入病菌和虫害。通常植物性饵料比动物性饵料难消化。金鱼对植物纤维的消化能力差，但是金鱼的咽喉齿能够磨碎食物，植物纤维外壁破碎后，细胞质就可以消化。金鱼喜食的植物性饵料很多，现分别叙述如下。

　　藻类。藻类可以分为浮游藻类和丝状藻类。前者个体较小，是金鱼苗的良好饵料。金鱼对矽藻、金藻和黄藻消化良好；对绿藻、甲藻也能够消化；而对裸藻、蓝藻不能够消化。浮游藻类生活在各种小水坑、池塘、沟渠、稻田、河流、湖泊、水库中，通常使水呈现黄绿色或深绿色，可用细密布网捞取喂养金鱼。

　　丝状藻类俗称青苔，主要为绿藻门中的一些多细胞个体，通常呈深绿色或黄绿色。金鱼通常不吃着生的丝状藻类，这些藻类往往硬而粗糙。金鱼喜欢吃漂浮的丝状藻类，如水绵、双星藻、转板藻等，这些藻体柔软，表面光滑。漂浮的丝状藻类生活在池塘、沟渠湖泊、河流的浅水处，各地都有分布。丝状藻类只能喂养个体较大的金鱼。

芜萍。俗称无根萍、大球藻，是浮萍植物中最小的一种。整个芜萍为椭圆形痭叶体，没有根和茎，长约0.5~1mm，宽0.3~8mm。芜萍是多年生漂浮植物，生长在小水塘、稻田、藕塘、静水沟渠等水体中。据测定，芜萍中蛋白质、脂肪含量较高，此外还含水量有维生素C、维生素B及微量元素钴等，用来饲养金鱼，效果很好。

小浮萍和紫背浮萍。小浮萍俗称青萍。植物体为卵圆形叶状体，左右不对称，个体长3~4mm，生有一条很长的细丝状根，也是多年生的漂浮植物。小浮萍通常生长在稻田、藕塘、沟渠等静水水体中，可用来喂养个体较大的金鱼。紫背浮萍紫色，无光泽，长5~7mm，宽4~4.5mm，有叶脉7~9条，小根5~10条，通常生长在稻田、藕塘、池塘和沟渠等静水水体然饵料，它们都不含微量元素钴，对金鱼无促生长作用。

菜叶。饲养中都不能把菜叶作为金鱼的主要饵料，只是适当地投喂绿色菜叶作为补充食料，以使金鱼获得大量的维生素。金鱼喜吃小白菜叶、菠菜叶、莴苣叶，在投喂菜叶以前务必清洗，以免残留农药引起金鱼中毒。然后根据鱼体大小将菜叶切成细条投喂。

豆腐。含植物性蛋白质，营养丰富。豆腐柔软，容易被金鱼咬啐吞食，对大小金鱼都适宜。但是在夏季高温季节应不喂或尽量少喂，以免剩余的豆腐碎屑腐烂分解，影响水质。

饭粒、面条。金鱼能够消化吸收各种淀粉食物。可将干面条切断后用沸水浸泡或者煮沸后立即用冷水冲洗，洗去黏附的淀粉颗粒后投喂。饭粒也需用清水冲洗，洗去小的颗粒，然后投喂。

饼干、馒头、面包等。这类饵料可弄碎后直接投喂，投喂量宜少。它们与饭粒、面条一样，吃剩下的细颗粒和金鱼吃后排出的粪便全都悬浮在水中，形成一种不沉淀的胶体颗，容易使水质浑浊，还容易引起低氧或缺氧现象。

②金鱼的动物性饵料。

常食用的有水蚤、剑水蚤、轮虫、原虫、水蚯蚓、孑孓及鱼虾的碎肉、动物内脏、鱼粉、血粉、蛋黄、蚕蛹等。天然动物性饵料种类较多，适口性好，容易消化，含有鱼体所必需的各种营养物质，尤为金鱼所喜食。

水蚤。水蚤俗称红虫、鱼虫，是甲壳动物中枝角类的总称。由于水蚤营养丰富，容易消化，而且其种类多、分布广、数量大，繁殖力强，被认为是金鱼理想的天然动物性饵料。常见种类有大型水蚤、球型回肠蚤（俗称蜘蛛虫）、蚤状、裸腹蚤、隆线蚤等。水蚤主要生活在小溪流、池塘、湖泊、水库等静水水体，在有些小河中数量较多，而在大江、大河中则较少。一年中水蚤以春季和秋季产量最高，溶氧低的小水坑、污水沟、池塘中的水蚤带红色；而湖泊、水库、江河中的水蚤身体透明，稍带淡绿色或灰黄色。金鱼饲养者可以选择适当时间和地点进行捕捞，以满足金鱼的营养需求。当水蚤丰盛时，可以用来制作水蚤干，作为秋、冬和早春的饲料。

剑水蚤。俗称跳水蚤，有的地方又叫"青蹦""三脚虫"等，是对甲壳动物中桡足类的总称。桡足类的营养丰富，据分析，其蛋白质和脂肪的含量比水蚤还要高一些。但是剑水蚤的缺点是它躲避鱼类捕食的能力很强，能够在水中跳动，并迅速改变方向，特别是幼鱼不容易吃到它。另外，某些桡足类品种还能够咬伤或噬食金鱼的卵和鱼苗。因此，活的剑水蚤只能喂给较大规格的金鱼。剑水蚤在一些池塘、小型湖泊中大量存在，也可以大量捞取晒干备用。

原虫。又称为原生动物，是单细胞动物。种类也较多，分布广泛。作为金鱼天然饲料的主要是各种纤毛虫（如草履虫）及肉足虫，纤毛虫中的草履虫属是金鱼苗的良好饲料。草履虫在各种水体中都有，尤其在污水中特别多。也可以用稻草浸出液大量培养草履虫来喂养金鱼苗。

轮虫。这种水生动物体型小，营养丰富，外表颜色为灰白色，有些地方又称其为"灰水"，是刚出膜不久的金鱼苗的优良饲料。轮虫在淡水中分布很广，在池塘、湖泊、水库、河流水体中捞取，也可以采取人工培养方法获得。

水蚯蚓。俗称鳃丝蚓、红线虫、赤线虫等，它是环节动物中水生寡毛类的总称。它通常群集生活在小水坑、稻田、池塘和水沟底层的污泥中。水蚯蚓生活时通常身体一端钻入污泥中，另一端伸出在水中颤动，受惊后立即缩入污泥中。身体呈红色或青灰色，它是金鱼适口的优良饲料。捞取水蚯蚓要连同污泥一现带回，用水反复淘洗，逐条挑出，洗净虫体后投喂。水蚯蚓，若饲养得当可存活一周以上。

孑孓。蚊类幼虫的通称。通常生活在稻田、池塘、水沟和水洼中，尤其春、夏季分布较多，经常群集在水面呼吸，受惊后立即下沉到水底层，隔一定时间又重新游近水面。孑孓是金鱼喜食的饲料之一，要根据孑孓的大小来喂养金鱼。孑孓通常用小网捞取，捞时动作要迅速，在投喂前要用清水洗净。

血虫。昆虫纲摇蚊幼虫的总称，活体鲜红色，体分节。血虫生活在湖泊、水库、池塘、沟渠道等水体的底部，有时也游动到水表层。血虫营养丰富，容易消化，是金鱼喜食的饲料之一。

蚯蚓。属于环节动物寡毛纲。蚯蚓的种类较多，一般都可作金鱼的饲料，而最适合金鱼作为饲料的应为红蚯蚓（即赤子爱胜蚯蚓），个体不大，细小柔软，适合金鱼吞食。红蚯蚓一般栖息于温暖潮湿的垃圾堆、牛棚、草堆底下，或造纸厂周围的废纸渣中及厨房附近的下脚料里。每当下雨时，土壤中相对湿度超过80%时，蚯蚓便爬行到地面，此时可以收集。晴天可在土壤中挖取蚯蚓，先将挖出的蚯蚓放在容器内，洒些清水，经过一天后，让其将消化道中的泥土排泄干净，再洗净切成小段喂养金鱼。通常全长6cm以上的金鱼才能吃食蚯蚓。

蝇蛆。因个体柔嫩、营养丰富，可作为成鱼的饵料。投喂前需漂洗干净，避免其对养殖水缸、水质的污染。人工繁殖蝇蛆时需要严格控制，以防止对环境造成污染。

蚕蛹。含丰富的蛋白质，营养价值较高。但是，因为蚕蛹的脂肪含量较高，容易变质腐败。蚕蛹通常是被磨成粉末后，直接投喂或者制成颗粒饲料投喂金鱼。

螺蚌肉。需除去外壳，通过淘洗，煮熟后切细或绞碎投喂金鱼。大金鱼消化能力强，这类饵料对大金鱼的生长发育效果较好。

血块、血粉。新鲜的猪血、牛血、鸡血、鸭血等都可以煮熟后晒干，制成颗粒饲料喂养金鱼。此类饵料的营养价值很高，如将其轧成粉剂与小麦或大麦粉混合制成颗粒饵料喂养金鱼，则效果更好。

鱼、虾肉。不论哪种鱼、虾肉都可以作为金鱼的饵料，营养丰富且易于消化。但是鱼须煮熟别骨后投喂，虾肉须撕碎后投喂。若将鱼、虾肉混掺部分面粉，经蒸煮后制成颗粒饲料投喂则更为理想。

蛋黄。煮熟的鸡、鸭蛋黄，均是金鱼喜爱且营养丰富的饵料。用鸡蛋和鸭蛋的蛋黄与面粉混合制成颗粒饵料喂养金鱼，效果很好。对刚孵化出的鱼苗，在朱虫、轮虫短缺时节，一般均用蛋黄代替。

③金鱼的人工配合饵料。

发展金鱼养殖业，光靠天然饵料是不行的，除开展人工培养鱼虫外，必须发展人工配合饵料以满足要求。人工配合颗粒饵料，要求营养成分齐全，主要成分应包括蛋白质、糖类、脂肪、无机盐和维生素等五大类。大致组成应含粗蛋白37.11%、粗脂肪2.63%、粗纤维3.69%、粗灰9.58%、无氮浸出物36.98%。现介绍两种金鱼特殊饵料的配方。

A.肝粉100克、麦片120克、绿紫菜15克、酵母15克、15%虫胶适量。

B.干游丝蚓15%、干红子子10%、干壳类10%、干牛肝10%、四环素族抗生素18%、脱脂乳粉23%、藻酸苏打3%、黄蓍胶2%、明胶2%、阿拉伯胶2%、其他5%。

④饲料的合理配比。

金鱼和其他鱼类一样；要求食物中含有蛋白质、脂肪、碳水化合物、各种维生素、无机盐类和微量元素营养丰富的饵料是保证金鱼生长、发育所必须的物质基础。金鱼虽然具有食性广而杂、容易饲养的特点，但是也绝不可以有什么就喂什么，而是对饵料的品质应有所讲究，饲养中应当根据金鱼在不同生长阶段对营养的需要，适时调整饵料的种类和数量，保持饵料的常年稳定供应。只有如此才有可能养出健壮活泼、色泽鲜艳、体态优美的金鱼来。

金鱼是以动物性饵料为主的杂食性鱼类，究竟植物性饵料在饲养中占有多大比例才适宜，动物、植物性饵料的合理配比是多少，有人通过自己的长期实验得出的结论是：动物性饵料为主喂养的金鱼生长快、体质好、疾病少、发育好，能够正常繁殖后代。若植物性饵料所占比例过大，尤其是面条、米饭、面包，金鱼产卵量减少，严重者可以导致完全不育。

金鱼的食性很广且杂，但要做到真正掌握其食性特点，保质保量地把金鱼养好还是不容易的，必须强调几点：

第一，鱼类在不同生长发育阶段的生理要求不同，因而对饵料成分的要求也有不同，必须根据金鱼生长需要，适当调整饵料中蛋白质等比例，保证饵料品质。

第二，金鱼越冬，水温在2℃以上时，还能吃食，可适当投饵；水温若在1℃下时，几乎不吃食，习惯上不投饵。

第三，金鱼要有鲜丽的色彩，才具有较高的观赏价值。故金鱼饲养要强调在"老水"（指已养过一个时期金鱼的澄清而颜色油绿的水）养金鱼，因为"老水"中天然饵料种类多，营养成分齐全，有利于金鱼体内各种色素颗粒的形成和积累。

第四，切忌长期投喂同一种饲料，要适时适当地调整饲料的种类和数量，促使金鱼生长和正常发育。

红白花水泡鱼及其饲养

　　水泡金鱼又名水泡眼金鱼，是出现较晚的一个品种。水泡金鱼最早于1908年在蛋种金鱼中被发现。它来自红蛋种的变异，先形成具有微凸小泡的蛤蟆头，再选育出泡大的水泡眼，在金鱼中极为名贵。形状与一般蛋种相似，唯在眼球下生有一个半透明泡泡，泡内充满液体，故名水泡。这种泡普通有两种：一种硬泡，即凸出的泡并不大，有的还外被质膜；另一种为软泡，此种不但泡特别发达，而且将眼球挤得半朝上的样子，好像一条小眼的朝天龙，当游动时，宛如两只大灯笼，左右颤动，姿态动人。

　　根据多年饲养记录，泡大如鸽蛋的极少，所以更显得名贵，最受人赞赏。水泡金鱼在生长速度上也和一般蛋种不同，比较迟缓，尤其泡大身短者，身体重心前移，常作伏底状，若三四年后，仍能保持正常，那就难能可贵了。

　　现有的品种：花水泡、白水泡、蓝水泡、玻璃水泡等，而近年新出现的色彩较之前大为丰富，更受人们喜爱。

　　还有一种泡型变异的"四泡金鱼"。

　　分为两种，一种是在大水泡的内侧，头顶上方，多生出两只小水泡。这样在头侧和头顶就生长着四只水泡，非常珍稀。

　　另一种颌泡水泡，颌泡与水泡不同，是在金鱼的下颌部分突出两个小口袋，与水体直接相连，在金鱼吞咽食物时，颌泡会随之一突一缩，十分有趣，因此又被称作"戏泡"。

优质水泡金鱼的特征，除了一般金鱼品种的鉴赏标准外，更注重整体的协调感，尾鳍宽大且鳍条具有一定硬度，在游动时可以在水中展开。鱼体粗壮，背形平滑且不应过分平直。泡体柔软，游动时可以在水中颤动。

泡型对称：水泡的看点最重要，泡体对称、浑圆、饱满。颜色也要一致。两龄以上的优质水泡金鱼泡体大小超过鸽子蛋，个别个体甚至会超过鸡蛋，但并非泡体越大越好。当泡体超过一定限度，由于受到水泡的拖累，鱼儿难于游动，往往趴在缸底，仅在吃食时方才游动，反而减低了观赏性。一般以为，水泡的横向长度与体长（不包括尾鳍）的比例达到1∶1时，最具观赏性。

体形匀称：有了对称的水泡，身体的匀称也很重要，体形过于瘦小或过于肥胖的水泡也不足取。体形瘦小的金鱼，显得头重脚轻，而且给人以羸弱之感。而肥胖粗短的体形，如同饮食无度的胖子，使得水泡失去了应有的灵秀之感。

尾鳍宽大：一般水泡在尾鳍上往往存在问题，尾鳍过于软，缺少坚硬鳍条的支撑，在静止时，如拖布一样。相对头顶水泡的丰满，使人有种"虎头蛇尾"的感觉。因此水泡金鱼要注重对鱼鳍的选择，在鱼静止时，尾鳍也能够自然舒展，犹如打开的折扇。

7 朱砂泡水泡鱼及其饲养

朱砂泡是红白花水泡中的一个特色品种。鱼体洁白闪光。 醒目鲜红的大水泡飘动在头部两侧，艳丽的朱色仅限于两只水泡，柔软而半透明，端庄淡雅，恬静温和，格外受人们钟爱。

此外，其代表品种还有红水泡、墨水泡、虎头水泡等。

8　朝天龙鱼及其饲养

朝天龙鱼是一个独特品种，眼球似龙睛，膨大而凸出眼眶，唯眼球又向上翻转90度而望天，故得名。传说古时将其饲养在黑暗环境中，在上方开一小孔，日久天长而形成了这一奇特长相。

带绒球的朝天龙是一种金黄色的金鱼，近年新出现的体色为正红的，它的眼球向上，绒球也水平生长。

幼鱼在两个月时，凸出的眼球先以45度角向头前方发育，再以45度角向上翻转平整。由于望天的关系，觅食时常需借助于嗅觉的帮助。

体色有红、黄、白、花斑、五花等。

9　朝天龙水泡鱼及其饲养

分布: 中国	**性格**: 温和	
水温: 10℃~30℃	**气候带**: 温带、寒带	
pH值: 微碱性, 7.2~7.5	**领域性**: 弱	
饲养难度: 容易	**繁殖方式**: 卵生	
硬度: 硬度低	**游泳能力**: 强	

朝天龙水泡集朝天龙和水泡眼的天然姿色于一身，有较高的观赏价值，是近年来较为走俏的金鱼名种。体形特征：其眼球膨大望天，两眼球腹部各生有一透明质的大水泡。食性：动物性饵料，如水蚤、水蚯蚓；植物性饵料，如芜萍、浮游海藻；人造颗粒饵料。

≫ 水泡金鱼饲养要点

①清水饲养：水泡金鱼对水质的要求较高，宜用清水，忌老绿水，正常水泡内的淋巴组织液为无色透明，细菌侵入水泡内后，水泡会变得白浊，失去原有的美感，并且最终会造成泡体的化脓、破裂。因此需要保持饲养水泡用水的清澈，减少饲养水体中细菌和藻类的含量。对于水泡遭到细菌感染的病鱼，用注射器抽出部分泡体脓液，并注入青霉素或者痢特灵（呋喃唑酮）溶剂，并在水体中加入杀菌药剂，早期治疗会起到一定效果。饲养水泡的池水不宜过深，最好在20cm以下，以浅水饲养的水泡，由于水中溶氧高，水压小，较易饲养出泡大体短的个体来。

②阶段饲养：针对各鱼龄的水泡金鱼，饲养方法也不相同。对于当年的水泡幼鱼，采取少食多餐的投喂方法，保持七八分饱，加大幼鱼觅食运动量，有助于培养强健的游力。6月龄之后，逐渐加大投喂量，促进体形的粗壮。翌年，以活饵为主，加强饲料营养，有助于水泡的进一步发育。对于三龄以上时，泡体庞大，游动不便，觅食困难，饲喂时应考虑到鱼儿的摄食方便，投喂水蚤或者微颗粒饲料，并注意水中溶氧，以免"闷缸"，造成鱼儿缺氧死亡。

③泡型保持：这个品种的主要看点在于那一对硕大的水泡。而在生长过程中，受到基因影响和外界刺激，会出现两只水泡一大一小，失去了对称的美感。传统饲养方法中，对于发生大小泡问题的鱼儿进行"转水"理疗，方法是将鱼儿放入鱼盆，人工搅动盆中水体，产生顺时针或者逆时针的水流，盆中的鱼儿朝一个方向游动时，由于内外圈水流速度不一致，刺激了一侧泡体的生长。每日两次，每次10分钟。此方法虽有一定效果，但治疗比较麻烦，现已很少有人采用了。另一种方法是用注射器抽取较大一侧水泡中的组织液，注入另一侧水泡内，此方法施行简便，也具有一定作用。当然，治疗应在鱼儿成长过程中及早进行，如果水泡的差异已经很大，治疗效果就不明显了。

④防泡破裂：水泡金鱼的泡体虽然看似十分薄弱，但也并非吹弹可破。一般的扎伤，对于水泡的影响不大，不大的破裂可以自愈。但水泡的自愈能力也是有限度的，因此在饲养过程中要注意避免水泡的意外破损。捞取时，对于成鱼要带水捞取，或者用手托住水泡，再捞出水面。大多数金鱼品种都可以进行混养，但水泡是个例外。水泡和其他金鱼混养时，颤动的水泡常会被其他鱼儿误以为食物，竞相啄食。特别是琉金、龙睛等相对强健的品种，水泡随时有被咬破的风险，并且撕裂的伤口很大，几乎没有修复的可能。一旦水泡的皮质膜发生较大破损，泡体内的淋巴液就会流出，轻者造成水泡大小的不一致。严重时水泡就很难恢复，泡体消失，形成瘢瘕，眼睛也恢复成常态，失去了观赏价值。但如果品种稀少，还可作为亲鱼使用。

红白花水泡有软鳞与硬鳞之分。软鳞是透明鳞，多从五花色金鱼中分离而出；硬鳞是正常鳞。该品种红白色泽分明，眼球下的水泡要圆大、左右对称，泡内液体清晰，身体背部平滑，游动时像两个彩色球在水中摇曳。红白花水泡的重量多集中在头部，前身较重，静止时喜欢伏在缸底休息。

它对于水质、水温的变化特别敏感，当水温升高、水质变质时，泡内液体常受感染，变成混浊状态，影响美观。

10 鹤顶红鱼及其饲养

该鱼全身洁白有光，体形宽短，头部着生的红色肉瘤高高耸起，或方、或圆，似仙鹤红冠，而且仅限于顶部，故名鹤顶红。尾鳍长大，超过身长，游动时，飘逸洒脱，似仙鹤翩翩起舞，潇洒出群，其中以肉瘤方正厚实，色泽鲜红者为佳。此鱼入选不易，繁殖后代中上品者极少，真是千里挑十，百里选一，非常珍贵，为高级金鱼中之佼佼者。

鹤顶红金鱼源于中国的吉祥鸟——丹顶鹤，丹顶鹤不仅美丽，而且是象征长寿的吉祥鸟。有鉴于此，人们对鹤顶红金鱼的要求十分严格，其头顶上的红色肉瘤要方正且厚实，而且只能长在头顶，并不伸向两颊，眼睛周围有红圈，身躯宽短，呈银白色，而且没有红色斑块，有宽大的尾鳍，与身同长，游动时异常优美。人们除了喜爱鹤顶红的美丽之外，在人们心目中还有"鸿运当头"的寓意。

鹤顶红属于金鱼中的文种，体型似鲫鱼，比龙睛稍短而宽，各鳍均发达。它体态秀丽洁净，动作敏捷，给人以清新明快之感，全身银白色的鳞片闪闪发光，全身银白，头顶着生红色肉瘤，尾鳍长大，游动时似白鹤一样翩翩起舞，非常雅致。以肉瘤方正厚实，色泽鲜红者为贵，其他如黄、白色的不规则为次。

人工繁殖鹤顶红金鱼

①亲鱼培育。

池塘培育，每年3月份开始，挑选雌鱼2~3龄，雄鱼1~2龄，雌雄比例1∶1.2为佳。

头顶有红色的方正肉瘤的正品为上选，其他如黄、白色的不规则次品一般不选。放养密度比商品鱼小，投饵量随着天气的变暖逐渐增多。通常需1个月的时间，性腺才基本发育成熟。

②亲鱼的选择。

4月中上旬即可从培育池挑选出性腺发育良好，腹部柔软富有弹性，身体呈椭圆形，生殖器微红外翻的雌鱼做母本。体健、鳃盖鳍条富有造型的雄鱼做父本。

③人工催产。

人工催产一般选在4月中旬，水温25℃为宜，采用一次性胸鳍注射法。雌鱼每100g剂量为促黄体释放激素类似物1~2ug，雄鱼减半，注射时间选在凌晨前后。

④人工授精及孵化。

当天晚上注意观察，当发现有雄鱼激烈追逐雌鱼时，立即将雌雄鱼捉到盛水的盆中检查，轻轻挤压腹部有乳白色黏液或黄色卵子排出，即可进行人工授精。一人左手抓住雌鱼的头部和躯干，右手拇指和食指轻轻挤压腹部，挤出的鱼卵均匀地排入消过毒的瓷盆中（盆中事先加入少许25℃的生理盐水），迅速挤压雄鱼排精。一人用棉花球蘸取生理盐水对亲鱼消毒处理，同时及时擦干操作人员手上的水滴。用羽毛搅拌1分钟，将受精卵均匀地泼洒在设有卵巢的孵化池中。

孵化期间，要求采用无污染的清洁水，溶解氧充足，pH值为7.5~8.0，在25℃的水温条件下3~4天即可孵化出膜。这期间主要预防水霉病，每天向池内泼洒10ppm的孔雀石绿溶液，注意水质清新。

⑤仔鱼培育。

刚孵化出的仔鱼靠吸收自身的卵黄囊生活，4天后，采用两层25号浮游生物网包扎煮熟的鸡蛋黄搅碎，在水面上轻拍，使蛋黄呈雾状均匀悬浮水中。每天喂一次，投喂量以1~1.5小时吃完为度，8天过后，仔鱼长到1cm以上时，游动增强，以小型浮游生物为食，待长到3cm时，每周换一次水，可喂一些仔鱼饵料。

四绒球鱼及其饲养

饲养难度: 容易

水温: 15.0℃~30.0℃

PH值: 微碱性, 7.2~7.5

硬度: 低

游泳能力: 强

　　四绒球鱼的背鳍挺拔, 尾鳍飘飘, 有典型的文鱼体型, 以其硕大无比的四朵片花而闻名。最引人注目的是它的鼻孔膜特别发达, 形成四朵膨大的球花, 单朵球花较普通双绒球还要大, 四朵球花紧束且相连。目前绒球有红、白、花色等, 体色有红、红白、花斑、五花等。

　　食性: 物性饲料, 如水蚤、水蚯蚓; 植物性饲料, 如芜萍、浮游海藻; 人造颗粒饲料。

　　护理: 由于球体膨大而柔嫩, 极易感染细菌, 充血腐烂, 导致球花脱落。另外, 饲养过程中网具的捕捉, 也易将球花碰掉。所以, 日常管理难度较高, 主要措施是: 一是要注重水质调节; 二是选择柔软的网具; 三是要经常性地对四朵球花修剪, 以保持四绒球的完美。

　　龙睛金鱼因其眼球膨大，凸出眼眶外，两眼大小一致，左右对称，因眼形似龙眼而得名。

　　龙睛金鱼宜饲养在澄清硬水中，眼球发育较好。两龄多的大鱼，其眼球膜外面形成各种奇特形状，已发现的眼形有灯泡形、圆球形、圆筒形、梨形和葡萄形等。特色品种有玛瑙眼龙睛，体色洁白，唯眼球血红，因其子代正品率较低，难以普及。

13 十二红龙睛鱼及其饲养

　　此鱼系白龙睛中近年新出现的一种变异。鱼体银光闪烁，但胸、腹、尾和背鳍、吻部凑在一起共有十二处红色，红白对称，十分有趣，任何一处缺少红色即属不正，入选极难。

　　这十二个部位包括：双眼、口、背鳍、双腹鳍、双胸鳍、四尾鳍（也有人认为应把臀鳍也算两红，而尾鳍以左右两叶两红计算）。包含的品种有：普通文鱼、龙睛（包括蝶尾龙睛）等。

　　十二红色型中以口红最难稳定，其名贵亦在于此。它是中国金鱼的特色品种，是从红白花色金鱼中定向培育而成。其饲养有着特殊的要求。

14 皇冠珍珠鳞鱼及其饲养

珍珠金鱼,一般称"珍珠鳞"。头小、嘴尖,全身有造型特殊的鳞片中间凸出,呈半球形,闪烁如珍珠,排列整齐清晰可数,趋近尾部珠鳞渐渐变小,用手摸之,像摸玉米粒。珍珠鳞片的中央部分颜色略浅,边缘处颜色略深。

皇冠珍珠鳞是近年来精心培育而成的一个新品种,与普通珍珠鳞体型相似,唯头项具有厚厚的隆起肉瘤,格外明显,很像古代皇帝头顶皇冠。它体表鳞片似珍珠粒粒饱满,体腹浑圆,尾柄短,但尾鳍很大。体色有红、红白花、五花和银白色等。

〉〉 夏季皇冠珍珠的饲养与管理

①水问题。保持一定水位,每天抽调一部分,补充晾好的熟水(曝气沉淀2~3天的水)。定期更换水时留点原上层水,防止水环境突变对鱼的刺激。渔场一般100/100换掉,因为喂养是鱼胃口的饱和量。水质污染严重,有条件的适当放点食盐和黄粉浸洗一下,以防身体充血。

②饲料问题。夏季保持一定水温(30℃以下),这季节是去年鱼的第二次生长冲刺发育期,保持一定的营养,饲料少吃多餐,鱼儿的生长速度会加快,也不要过分喂高蛋白高脂肪的饲料,以防加重内脏负担。

③密度和水含氧问题。当水温高时,相对含氧量下降。保持一定或放宽的密度是保持鱼儿健康活

波的手段。

④饲养的对象。这种鱼的放养一定要挑选头面和色块整洁、干净、有型，且不要头部过大或光头的，防止长大后成为自己也不愿意看的"作品"，浪费表情、时间和精力。

皇冠珍珠金鱼品种鉴赏标准

冠分为两种：单冠和双冠。

看冠：无论单冠还是双冠都必须整齐对称无畸形。高大（不能太大失去比例，众多鱼友认为冠越大越好，其实太大了会失去比例，往往多数是畸形）、面窄（正面看或俯视，俯视只见冠不见面，众多鱼友往往不注意这点）。

看体型：体型越圆越好，侧看背弯。尾柄短，肚往后下垂。

看珠鳞：珠鳞粒粒大颗且整齐至尾柄，不能有伤鳞和缺鳞。特别是尾柄段（众多珠鳞的尾柄均为不起鳞的）。

看鳍：各鳍整齐对称不曲卷，尤其是尾鳍必须是双侧整齐对称（有众多鱼友不注意这点，一尾鱼如果是单尾鳍，那就失去了观赏价值）。

家庭金鱼养殖知识技巧大全

要将玻璃缸放置在近窗户通风又有阳光的地方。要注意放养密度，根据容器的大小，合理安排，宁可少养，不可多养。因为室内空气不大流通，养多了水易浑浊，容易造成金鱼缺氧而死亡。如有空气泵则可多养一些，发现金鱼有浮头现象则需开空气泵充氧，尤其是在夜间，更需要充氧。

养鱼所用的饵料以活鱼虫最为理想，水质不容易坏，喂干鱼虫、人工合成颗粒饲料也可以。现在市场上有活鱼虫出售，不过要天天购买也很麻烦。对市场上卖的干鱼虫，要选比较新鲜的、颗粒松散的喂鱼，不要买陈旧发霉的干鱼虫来喂养。人工颗粒饲料以用营养成分齐全的全价饲料为好，市场上有卖。

为了保持水质清纯，投饵量要严格定时定量，通常每日投饵1次至2次为宜，每次投饵量以在半小时内吃完为宜，饵料不要喂得太多。喂多了其害处有二：一是鱼吃饱了，代谢水平提高，氧量增加，容易引起金鱼缺氧窒息而死亡；二是饵料剩下，容易腐败发酵，使水质变坏，也会造成缺氧。其实金鱼是比较耐饿的，一两周不喂，也不会发生问题。

养金鱼保持水质清纯至关重要，要经常用乳胶管吸除积渣，把玻璃缸底部的粪便、残饵连同混浊水吸干净，然后徐徐地补进已放置一天的新水。倘若操作过程中出现水草浮起或假山被碰倒等情况，要及时恢复原状。

养鱼越久，沉渣积累越多。虽然每天清除，也不能全部清除干净。如果沉渣增多，影响玻璃缸的清晰度，就要彻底换水洗刷玻璃缸，才能保持水质清纯，便于观赏，也为金鱼保持优良的生活环境。

一般所用的长方形玻璃缸因体积较小，不可多养，宜少不宜多。如在长40cm、宽25cm、高30cm的容器内，可饲养5cm至7cm长的金鱼6尾至8尾。鱼体身长超过8cm的成鱼，不宜在小型的玻璃缸中饲养，而需在豪华型的大玻璃缸或陶瓷缸中饲养，并配以小型充氧机备用，以防缺氧。以上放养密度只是参考，还要看水温的高低、鱼体的大小和水质的好坏来决定，不能机械行事。一般说来，鱼体大，要少养；冬季可多养，夏季要少养；水温低时可多养，水温高时要少养。

≫ 选养金鱼

金鱼具有"水中花"的美称，拥有一缸赏心悦目的金鱼，是广大鱼友梦寐以求的。中国是金鱼的故乡，在大中城市的观赏鱼市场之中都能看到金鱼的踪影。金鱼的祖先是鲫鱼，经过千百年来的人工选育逐步产生变异，目前主要分类包括：龙种鱼，以龙睛、蝶尾为代表。文种鱼，以狮头、珍珠、帽子为代表。蛋种鱼，以水泡、虎头、望天为代表。近20年来，在广大养殖户和爱好者的共同努力下，中国金鱼不断涌现出一些新的品种，如：福州兰寿、红头虎头、皇冠珍珠等等，作为金鱼爱好者可以从以下五个方面进行金鱼的选择。

①选择时机。金鱼不同于热带鱼，在渔场中普遍养殖在室外，经过千百年的繁育，已经建立自身的生物钟，根据地域不同，每年春季2～6月产卵。一般在9～11月为当年金鱼上市的最佳时期，这一时期的金鱼已有3～6月龄，已经可以展现部分品种特征，且褪色已经完成，具有初步的观赏特征。在7～8月间可以在市场上看到渔场淘汰下来的2～4年的种鱼和隔年的金鱼，其中也不乏精品。不过由于气温较高，不利于金鱼的长距离运输，因此供应量较少。

②选择品种。根据个人喜好不同，可以在现有数十个品种中任意挑选。但最好能够在选择前了解各个品种的差异，这样有益于养好金鱼。例如：皮球珍珠由于变异太大、肠道短、游动笨拙，对环境要求严格得多，需要在水清、浅水中饲养，饲料要求精良且便入口。水泡金鱼不适合与其他金鱼混养，应在没有任何饰物的裸缸中饲养，以免造成水泡破损。对于初学养金鱼的朋友可以先从饲养容易、价格便宜的金鱼养起。如：文金（琉金）、龙睛等。

③选择良品。尽管中国金鱼已经过千百年的选育，但对于一个物种而言还是太短。因此许多金鱼品种还不是很稳定，个别新型品种的良品率在万分之几。一条金鱼可在家中养数月乃至数年之久，选择一条良品金鱼，可以得到更多美的享受。总的原则要选品种特征明显，游动自如，体形匀称，没有残疾的金鱼。

不仅如此，良品金鱼还要各鳍完整，背部光滑，觅食踊跃，游动自如。选择良品如同石中选玉，这也是选鱼的乐趣所在。

④选择鱼龄。家养金鱼的寿命大多在4～6年龄，2～3年龄是最佳观赏鱼龄，此阶段金鱼品种特征明显、身体强健、游动自如。4～6年龄就属于老龄金鱼，体色褪去，懒于游动，食欲减弱，极易生病。而6个月以内的金鱼由于身体发育刚开始，品种特征不明显，颜色没有定型，不良品比率很高，而且限于家庭养殖条件，不易养大。因此选择6～18月龄的金鱼最为合适。这一阶段金鱼，食欲旺盛，游动自如，品种特征初步显现，而且价格合理，可以在家中连续饲养两年左右。

⑤选择色彩。金鱼的色彩十分丰富，红色、黑色、蓝色、紫色、青铜、白色、五花等及两种或多种颜色之间，还可以搭配产生出更多组合和奇趣图案。如：三色、喜鹊花、玉印头、鹤顶红等等。家庭中可以

根据个人喜好和饲养环境进行选择。金鱼在幼鱼期颜色都为灰色，也是一种生物保护色，通常会在6月龄内脱色，在两年龄以前比较容易产生一些过渡色及图案。白色和红色是最为稳定的颜色，其他颜色根据鱼龄和饲养环境会产生变化，特别是老龄金鱼。

金鱼的设施篇

工欲善其事，必先利其器。拥有一套良好的养金鱼的设施，不仅可以降低饲养难度，还可以增强金鱼的观赏性。目前在观赏鱼市场上可见到来自全国各地，甚至世界各地生产的养鱼设施，购买十分方便。需要根据金鱼习性和特点搭配好一套设施。

设施主要包括：容器、过滤系统、增氧系统、换水装置。

容器：传统饲养金鱼使用陶盆、木盆（俗称"木海"）。现代饲养多采用水族箱。金鱼体型较大，游动空间要求也较大。因此要采用中型以上水族箱饲养，最小鱼缸也应在60cm以上。金鱼千百年来由人工饲养，适应于浅水生长，因此水族箱的水深不要高于40cm。水族箱中可以适当摆放一些表面光滑的小饰物，但要注意不要留死角，不然游动笨拙的金鱼会卡在里面造成损伤。水族箱可以添加顶部照明，弥补光照不足，也便于观赏金鱼。对于养鱼数量较多的家庭，要准备一个暂养缸，用以隔离病鱼或换清水缸时周转使用。

过滤系统：金鱼的活动量大，代谢较多。因此过滤系统常采用外置过滤系统。包括顶部过滤盒和过滤桶。过滤盒（桶）中放置生化海绵、活性炭。过滤盒（桶）的容积要大，使得能放入足够多的过滤材质。需要注意的是要选用一个名牌的泵头，不仅噪声小而且使用寿命长。泵头要定期拆卸清理以增强过滤效率。

增氧系统：金鱼的耗氧量很大，一般60cm的鱼缸饲养两条10cm的金鱼，如果没有增氧系统，一个晚上就会缺氧"浮头"。一般常使用的增氧设备是气泵。气泵送出的空气通过气石扩溶在水中。气泵的功率不能太大，否则会影响金鱼静水生活的习性。气泵的输气导管要具备止逆阀，以免停电时水通过导管溢出。对于比较"娇气"的金鱼饲养，建议使用气泵作动能带动生化海绵（俗称"水妖精"），进行增氧过滤。

换水装置：饲养金鱼的水体大，换水频繁。家庭养金鱼要准备几只塑料大桶，用来晒水及换水使用。抽水用水管的进水端要有隔离网，并在抽水时应避免惊扰金鱼。

金鱼常见疾病及其主要防治

①鱼瘟。鱼瘟是金鱼春季的一种疾病，常因金鱼冬伏少动、光照不足等因素引起金鱼体质衰弱、精神不振等症状。到黄梅季节，其发病症状表现为呼吸困难，严重的可导致金鱼死亡。

防治方法：鱼瘟病目前尚无特效药物治疗，只有做好预防工作。每年开春季节，要经常给金鱼晒太阳以增强其体质。若金鱼发生鱼瘟应尽快将其隔离或淘汰掉。

②白云病。是由寄生在鱼体上的口丝虫或鞭毛虫、斜管虫引起的一种疾病。其体表各处附有一层白色的薄雾状物质，这是寄生虫迅速繁殖、刺激寄生处的上皮细胞所引起的皮肤分泌物增多的结果。

防治方法：用1∶50000的高锰酸钾液浸浴病鱼，每次10～30分钟。当水温较低诱发白云病时，可用2%～2.5%食盐水浸洗病鱼15分钟后，再放回清水中，反复进行。严重病例可用1%食盐水浸洗1小时。

③腐皮病。这是金鱼的常见疾病，主要流行于夏秋季。金鱼患部红肿，表皮腐烂，像打上的红印记，多出现在金鱼腹部两侧，一般是鱼体受伤后被细菌感染所致。

治疗方法：用毛笔蘸消毒药水（如红汞或高浓度高锰酸钾溶液）擦洗或涂抹患部，隔日1次，3～4次即可治愈。

④烂尾病。该病是由粘球菌感染引起，一年四季均可发生。病鱼尾鳍扫帚状腐烂。

治疗方法：用1%孔雀石绿擦洗患处，隔日1次，3～4次即可治愈。在治疗食用鱼时，禁止使用孔雀石绿。

⑤白点病（又称小瓜虫病）。该病是由小瓜虫寄生在鱼体所造成。小瓜虫的繁殖温度为3℃～25℃，适宜繁殖温度是14℃～17℃。发病时，病鱼体表、鳃丝出现白点状囊泡，传染很快；多发生在春季秋季，病鱼表现极不活泼，经常滞留在水面上。

治疗方法：把病鱼放入$0.5×10^{-6}$的医用甲基蓝溶液中，在21℃～26℃水温下长时间浸浴，或用0.5%～1%的小苏打水浸浴10～15分钟。由于幼鱼对药液的抵抗力比成鱼弱，浸浴时间应适当缩短。病情严重时每日浸浴1～2次。

⑥水霉病（又名肤霉病、白毛病）。该病的发生主要是饲养过程中和在捞鱼时碰伤鱼体，或由寄生虫破坏鱼皮肤，使水霉菌侵入伤口寄生。一年四季均可发病，尤其在梅雨季节多见。水霉菌侵入伤口后，初期症状不明显；当肉眼能看到时，菌丝已向外大量繁殖，病鱼体表可见白色绒状的菌丝（白毛）。金鱼染上此病后，焦躁不安，游动失常，行动缓慢，食欲减退，皮肤黏液增多。严重时，鱼体长满白毛，以致死亡。

防治方法：鱼体应常有阳光照晒，换水时投入适量的食盐进行杀菌消毒。捞鱼时应避免擦伤鱼体。治疗病鱼可用1%食盐水每次浸浴30分钟。在发病季节，每周用1：10000的食盐水泼洒池中可起到预防作用。

⑦竖鳞病（即松鳞病）。该病是由于水质恶化使鱼体伤口感染一种水型点状极毛杆菌所致。病鱼鳞片局部或全身向外张开竖起，游动迟缓，有时腹部水肿，严重时2～3天便死亡。

治疗方法：把病鱼放入等量的2%食盐与3%碳酸氢钠混合水溶液中浸浴10分钟，每日两次连续2～3日。或在50升水中加入捣烂的蒜头250克，给病鱼浸浴数次，也可治病。

⑧气泡病（又名焦尾病）。该病是由于水中溶解气体过多而引起的，主要危害幼鱼。鱼鳍吸附许多大小不同的小气泡并使该部位发红、糜烂，影响鱼游泳及鱼体平衡。

防治方法：立即将病鱼移入稍凉的清水中饲养一段时间，即可使其恢复正常。

⑨鱼虱病。由肉眼可见的形似臭虫的鱼虱侵入金鱼鱼体和鳃寄生引起的。一年四季均可发生，每年6～8月最为流行。鱼虱利用口刺、大颚刺伤和撕破鱼体组织，吸食鱼血，使鱼体消瘦并集群在水面或容器的边角处，渐渐死亡。有的病鱼由于鱼虱用口刺吸血时分泌的毒液的刺激，使病鱼极度不安、狂游、跳跃。该病可以引起金鱼死亡。

防治方法：放养鱼苗前要用生石灰带水清塘，杀灭水中鱼虱成虫、幼虫和卵块。养鱼池或其他容器用水应经过过滤，防止鱼虱和其幼虫随水流入鱼池或养鱼容器。发现有鱼虱寄生后，应用2.5%敌百虫每立方米水体用药1克。

使用药物防治鱼病时，还必须正确地掌握各种药物性能和使用方法，按照规定的剂量对症下药。施药后，要加强观察，发现问题及时采取有效措施，以防发生药害或贻误治疗。

大型观赏鱼的系列品种和饲养

　　大型观赏鱼现在也进入了家庭，许多人喜欢这种大个子，它们的种类繁多，样子很漂亮，但是显得很野性，这种鱼绝对不适合混养，因为它们会吃了小鱼的。

黄金河虎鱼及其饲养

原产地及分布: 南美洲巴拉圭、乌拉圭河流域, 亚马逊河流域

成鱼体长: 100cm　　　　　　**性格:** 有攻击性

适宜温度: 20℃~28℃　　　　**酸碱度:** pH5.5~7.2

活动水层: 底层　　　　　　　**繁殖方式:** 卵生

　　黄金河虎鱼是大型加拉辛科鱼, 属于脂鲤目, 鱼体很大, 最大可达一米。游泳速度极快, 鱼体的力量很大, 容易饥饿, 对体型稍小一点的鱼类很敏感, 会慢慢接近并发起攻击。

　　这个类别的鱼最大的特色是在多数个体的背鳍与尾鳍之间会长出一个小型的脂鳍, 不过此构造对鱼只整体而言并无明显的作用。

2 马面鲷鱼及其饲养

体长: 25cm

硬度: 10° N~20° N

适宜温度: 24℃~28℃

酸碱度: pH7.5~8.5

马面鲷属于大型慈鲷类,色彩夺目,不过性情残暴,游泳速度快,鱼体侧扁,可以在很窄的石缝或者水草丛中埋伏,然后咬住别的鱼的要害。

马面鲷是鱼体很大并且使人印象深刻的开放性水域的掠食性动物。这种鱼经常四处寻觅,因此不是区域性的,除非准备产卵。它们喜欢开放水域,并且喜欢在水族箱的顶部停留,大概因为它更多的是想在开放而没有岩石和植物妨害的地方生活。在外表上它是典型的银白色,其面上有单一的棕色的水平的条纹。雄鱼性成熟后颜色就展现出来:电蓝色与萤光橘红色会出现在它们的尾鳍上。这是一条相当特别的鱼,它的下颌接近它总身体长度的1/3。马面鲷有张巨大的嘴,雌鱼能够同时繁殖250多个鱼苗。

绝大多数的马鲷都是雌雄二态,即雌雄差别很大,外表一看就知道哪个是雌哪个是雄(而大部分坦鲷是雌雄一态)。但是,马鲷的幼鱼期较长,发色较晚,很多马鲷需要两年左右才能完全发色。所以,如果想在幼鱼期就识别鱼的雌雄几乎是不可能的(当然,专家除外)。而大多数成熟期的雌鱼与其幼鱼期的长相差不多,体色和我们吃的鲫鱼差不多,多呈铁灰色和银灰色。

3 蓝鲨(斧头鲨)鱼及其饲养

别名：蓝鲨、虎头鲨

属：鲶科鱼

原产地：泰国、马来西亚

水温：20℃~34℃

体长：8~15cm，野生鱼长达50cm

习性：温和

生长与繁殖：属一年一次性产卵鱼类

　　虎头鲨头大，身子短，淡水鲨鱼体色有黑、白、灰、红四种。前三种体色的鲨鱼多作为食用鱼饲养，尤其是灰色的鲨鱼最受欢迎，其背部青色，体侧青灰色，腹部银白色。红鲨鱼即水晶巴丁鱼，多作观赏鱼饲养。

　　最佳生长水温：26℃~32℃。淡水鲨鱼耐低氧能力强，适应性广，但抗低温能力弱。水温低于18℃时活动缓慢，反应迟钝；水温低于12℃时开始死亡。

　　食性：杂。食量大，生长极迅速，此鱼常把水弄污浊，影响观赏效果。该鱼食性较杂，幼鱼以浮游动物为饵料，成鱼以水生植物及人工配合饲料为食，饲料蛋白质要求28%~32%。

　　与其他几种杀手级鱼类不同，蓝鲨可怕的是它的传染性，蓝鲨的皮肤很脆弱，使它常常成为寄生虫和鱼虱的寄主，从而传染给其他的鱼，最常见寄生在蓝鲨皮肤上的寄生虫有锚头鱼虱和各种钩介虫，杀死它们的办法是硫酸铜、孔雀石绿和各种抗生素。

4 猛鱼及其饲养

别名: 皇冠大暴牙、黑尾大暴牙

成鱼体长: 76cm

原产地及分布: 南美洲亚马逊河流域

性格: 有攻击性

属: 脂鲤目犬齿脂鲤科

适宜温度: 24℃~28℃

酸碱度: pH 6.0~8.0

活动水层: 底层　**繁殖方式:** 卵生

　　猛鱼体型大,鳞片细小并反射着亮银色和金黄色的光泽,牙齿像哺乳动物的犬齿一样突出交错,视力很发达,经常在水中来回游弋寻找猎物,被咬中的鱼往往会鱼体洞穿,并且猛鱼的倒钩似的牙咬进鱼的身体后很容易留在里面。

　　另外还有红尾大暴牙、委内瑞拉巨暴,体长:66cm。皇冠暴牙:117cm。红尾战斧:45.5 cm。银光大暴牙:62.3 cm。都是肉食性,环境稳定状况下,成长迅速。

　　暴牙鱼对pH的要求并不严格,弱酸性到中性,保持稳定即可,温度应保持在26℃~30℃。在鱼缸中,它们需要一定的水流,但不宜过大。在喂食方面,暴牙鱼在自然条件下只吃活的鱼,小型的暴牙喜欢各类灯鱼等小型鱼,而大型的暴牙喜欢吃水虎等大型鱼。在鱼缸里,它们会接受各种活的饲料鱼,也可以驯化它们吃冰鲜鱼或冰鲜肉块。还需要特别注意的是,暴牙鱼非常胆小,一旦受惊就会乱撞。饲养者应与鱼缸保持一定距离,不要在鱼缸面前做突然动作,更不要让小孩子拍打鱼缸。

≫ 大型鱼日常管理

①水质和水温：大型鱼在饲养水质方面应维持在弱酸至中性水质，可以选择在水中添加底砂来维持水质的稳定。另外，在水温部分则以22℃~30℃左右的温度即可，为避免鱼缸水温激烈的变化，不妨使用加温器，以确保最适合鱼只生存的水温。值得注意的是，饲主在选购控温器时，可选择控温准确、材质坚固的电子式控温器，必要时可以加上防护套，以避免破损漏电的情形发生。

②水槽：由于大型鱼会长到很大的体形，尽管是几厘米长的幼鱼，在细心照料之下长至30厘米以上的体形都非难事，更别提像红尾河虎、猛鱼、大暴牙等大型鱼种，所以饲主在刚始饲养时最好就要考虑到未来鱼只成长的空间问题，一般饲养大型鱼建议饲主使用1.2m以上的缸子。因大型鱼有很强的洄游性，个性凶暴，需要很大的水槽饲养，才可以欣赏到美丽的泳姿。有条件的以群养最好，黄金河虎可以大数量群养，很是壮观。

在过滤系统部分，虽然大型鱼属于十分容易饲养的鱼种，由于其食量较大，代谢也快，为避免水质的变化影响鱼只生存，所以完善的过滤系统是绝不可缺少的环节。由于大型鱼的游泳速度相当快且多具良好跳跃能力（河虎跳跃能力较强），为避免发生鱼只自水族箱中跳出的憾事，最好能在水族箱的顶端加设水槽盖。

③饵料：大型鱼类多为肉食性且食量相当大，故需勤投喂，少量多餐。按照其摄食习惯，一般可分为肉食性与杂食性。肉食性的代表有牙鱼、猛鱼、食人鱼等，饲主可喂食如小鱼、小虾、生鱼片等肉类食物。至于杂食性的代表鱼只则有非洲皇冠九间及南美的红银板、黑银板等。

④混养建议：大型鱼种相当粗暴，最好不要与一些个性温驯的小型鱼一同混养，以避免发生大型鱼攻击其他鱼只的惨剧。探究其排他性的行为可分成两种，一种是只要是外来鱼种都会有攻击行为；另外一种是对其他鱼种会有攻击行为，但同种间不会有彼此斗争的情况发生。至于不论任何鱼种都会攻击的个体，则最好是能够单独饲养，若要混养饲主就必须准备充足的空间，且选择体形相当的鱼只来混养，如底栖性的大型鲶鱼就是相当不错的选择。至于只会攻击其他鱼种的鱼只，如银板、食人鱼等，它们不但不会攻击同类，甚至会有群游的习性，若是单独饲养反而会出现鱼只不安的情形，故不妨5至6只同时饲养，如此一来不但可以欣赏到群游的壮观场面，同时也可以减少鱼只的不安，以发挥最稳定迷人的体色。

热门观赏鱼的系列品种和饲养

　　热门观赏鱼的归类主要缘于目前观赏鱼市场的热点，包括美丽花尾的孔雀鱼、食苔混养的摩利鱼、色彩斑斓的月光鱼、情趣生动的接吻鱼等。

孔雀鱼及其饲养

别名: 凤尾鱼、百万鱼、彩虹鱼、古比鱼　　　**性格:** 温和

原产地及分布: 委内瑞拉、圭亚那、西印度群岛等地的江河流域

成鱼体长: 4.0～6.0 cm　　　　**适宜温度:** 19.0℃～29.0℃

酸碱度: pH 7.0～8.5　　　　**硬度:** 12.0° N～18.0° N

活动水层: 中层　　　　**繁殖方式:** 卵胎生

　　孔雀鱼体型修长,有着极为美丽的花尾巴,故名孔雀鱼。鱼体呈纺锤形,前部圆筒状,后部侧扁。头中等大,吻尖,腹鳍小,尾柄长大于高。

　　孔雀鱼的雄鱼与雌鱼的形态差别较大。雄鱼身体瘦小,体长约4～5cm,背鳍短而高,尾部占全长的三分之二左右;臀鳍一部分鳍条成为交尾器官;尾鳍宽而长,并有各种形状。雌鱼体形较粗壮,约比雄鱼大一倍,各鳍均较雄鱼为短,体色单调,稍透明,唯有尾鳍具有色彩或花斑,尾鳍上的花色图形,妙不可言;有1～3行排列整齐,大小一致的黑色圆斑点或是一个彩色大圆斑,状似孔雀尾翎上的圆斑。

　　孔雀鱼适应性很强,16℃低温和耐受较脏的水质,在没有调温和充气设备的水族箱中生活良好。低于13℃就静伏水底不动,如水温再下降会造成死亡。它能忍受较脏的水质,喜欢弱碱性,也能适应中性水质。

　　食性属杂食性,水蚤、千年虫、纤毛虫、丝蚯蚓、孑孓及昆虫,均是它喜欢的食料;也有吃些植物性饲料,如水族箱内生长的青苔,饲养者可以把菠菜切碎后用水焯过喂给孔雀鱼吃。平时活泼好动,雌鱼受惊后极易跳跃;尤其是当雄鱼向雌鱼追逐时,更显活泼。要获得色彩华丽,体形优美,尾鳍长大的孔雀鱼,须从仔鱼开始创造一个优良的生存环境。

🐟 水族箱的环境布置

为加快孔雀鱼的生长和促进鱼鳍增大，水族箱要尽量选用大规格的。箱中应栽水草、有明亮的光线、水体洁净透亮，这样不仅美观，亦有利于孔雀鱼的健康生长。

孔雀鱼虽然容易饲养，但要获得色彩艳丽，体型、尾结长大后非常漂亮的孔雀鱼，则需从仔鱼开始就要放入大的水族箱中饲养，有宽大的水体、深颜色的砂底、较多的水草、适宜的水质等良好的生活环境。它食性广泛，各种饲料都肯摄食。但不能因此而在饲养中喂养太差，以免影响生长和色泽。

孔雀鱼是最容易饲养的一种热带淡水鱼。它丰富的色彩、多姿的形状和旺盛的繁殖力，备受热带淡水鱼饲养族的青睐。尤其是繁殖的后代，会有很多与其亲鱼色彩、形状不同的鱼种产生。

孔雀鱼繁殖时要选择一个较大的水族缸，水温保持在26℃。pH6.8～7.4，同时要多种一些水草，然后按雄雌1∶4的比例放入种鱼。待鱼发情后，雌鱼腹部逐渐膨大，出现黑色胎斑；雄鱼此时不断追逐雌鱼，雄鱼的交接器插入雌鱼的泄殖孔时排出精子，进行体内受精。当雌鱼胎斑变得大而黑、肛门突出时，可捞入另一水族箱内待产。

雌鱼产仔后，要立即将其捞出，以免吃掉仔鱼。或者要塑料片围成漏斗状隔离墙，侵入水中，将产仔雌鱼放在漏斗中，使仔鱼产出后从漏斗下空洞掉入漏斗外水体，雌鱼就吃不到仔鱼了。

孔雀鱼每月产仔一次，视雌鱼大小，每次可产10～120尾仔鱼，一年产仔量相当多，故有"百万鱼"之称。繁殖时应注意，同窝留种鱼不要超过三代，以免连续近亲繁殖导致品种退化，使后代鱼体越来越小，尾鳍变短。最好引进同品种鱼进行有目的远缘杂交，以防品种退化，达到改良品种的目的。

孔雀鱼寿命很短，一般只有2～3年。

2 摩利鱼及其饲养

摩利鱼喜在水的各层游动，对水质要求不严格，但喜欢有盐分的水。杂食性，性情温和，可混养，喜光，喜啃食水草和缸壁上的绿苔。

摩利鱼性格温和，最好在呈弱碱性的硬水水质环境中饲养，食性颇杂，容易接受各种动物活饵及人工饵料，同时，也喜欢啄食水草、水族箱缸壁上蔓生的青苔，所以在饲养过程中，不但要注意需要定期喂饲植物性饵料，以助其生长发育的同时，还应该注意，由于摩利鱼喜欢啄食的特性，在水质环境较差或嘴部受伤的情况下，极易感染细菌导致口霉病的发生。摩利鱼体质较强健，比较容易饲养，它们甚至可

以忍受10℃左右低温，但并不是说，它们可以在这个极限水温生长良好，长时间的低温环境，同样很容易导致它们受霉菌感染生病，直至死亡。

🌊 摩利鱼养殖准备

①缸和水的准备。

缸的准备主要是清洁和消毒。消毒是采用沸水消毒法，消毒既彻底，还没有化学药物消毒后遗留的问题，同时还是最环保的方法。要注意的是消毒时先把缸放平稳，一定要平稳，否则容易裂的。然后要先加少量沸水，让玻璃适应温度，以防止玻璃突然高度受热而炸裂。最后再加适量沸水进行消毒。

养水是将自来水静置3到5天，将水中氯气挥发干净。然后将水加入消毒后的缸中，再加入硝化菌，

用水妖精连续充氧24小时，即可初步建立起硝化系统，这样的水就可以放鱼了。

②接鱼。

接到鱼后，不要急于打开包装箱，回家后在暗光处开箱。途中防止动作过大导致震动或翻滚。因为鱼在停食、无光的环境下，再经长时间运输后，体质虚弱、精神紧张，因此要特别小心，防止鱼受惊而导致撞袋或撞缸受伤，或导致因惊恐引发的夹尾等情况。因此一切工作都要温柔小心地操作。

③兑水（也称过水，专业名词）。

兑水工作是重要的工作，同时还很是烦琐的操作。但想养好鱼，就一定要细心、耐心地去完成，保证鱼能够初步顺利适应饲育环境，为以后正常养育打好基础。而很多新手，都是在这方面犯了错误导致损伤惨重！兑水的工作主要有以下几个步骤：

a. 水温：缸中的水温稳定在22℃~26℃之间。接到鱼后，不要急着打开包装袋，先要把包装袋用和缸中同水温的水冲洗干净。然后把包装袋放入缸中，约20到30分钟，使袋中的水与缸里的水的温度达到一致。

b. 开袋：打开袋后，先加入相当于袋中水量1/10的缸中水入袋，然后再慢慢地不断把缸中水加入袋中，使鱼逐步适应水质如pH等的变化，整个过程持续30到40分钟左右。当加入缸中的水达到袋中的水量时，即可把鱼温柔地捞出放入鱼缸中。此兑水过程，也可以用打吊瓶的输液系统来进行，可以更好地让鱼适应水质，对于比较珍贵的鱼适用。兑水结束后，要将袋中的原水倒掉，因为鱼在运输过程中排泄的废物、脱落的粘膜等物质，是细菌喜欢的食物和产床，是鱼致病的重要病源。

c. 鱼入缸后十分恐慌，这时的光线不要过强，更不要惊动它，在观看时都不能指指点点动作过大，接鱼之前的准备工作做得一定要充分，鱼入缸后不要总是在鱼缸周围四处乱窜，记住当天不要喂食！

d. 第一天：不要喂食、不要换水，观察它的状态怎么样。一般来说在第一天鱼的状态会恢复一些，如找食、追逐配偶等。如状态不好的话，可

以加入1%浓度的饱和盐水。

e. 第二天: 观察如状态不错, 鱼四处寻找食物、追逐配偶等表现, 就可以少喂一点点活饵, 意思一下即可, 千万不要喂多! 开口饵料以活食最好, 如丰年虾等, 人工饵料由于消化困难, 不建议用。可换1/10的水, 冬天换的水要比缸中水温高出1℃~2℃, 夏天要低1℃~2℃, 这也是一年中换水时温度掌握的方法。如果状态不好就不要喂食, 继续观察。

f. 第三天: 关键的一天! 鱼有问题的话这天就会明显地看出来, 观察症状后对症下药即可。如果没有问题, 状态良好的话, 同样喂一餐, 比昨天喂量稍多一些, 逐步在一周内过渡到正常的喂量。换水也是如此。

兑水的规程一定要仔细完成, 即使你对你的水质再有把握, 也不赞成不经兑水直接把鱼放入缸中, 这一点切记, 否则受伤总是难免的。

黑摩利鱼及其饲养

原产地及分布: 北美、墨西哥

性格: 温和		**适宜温度:** 22℃~26℃	
酸碱度: pH 7.2~7.6		**硬度:** 9° N~11° N	
活动水层: 顶层		**繁殖方式:** 卵胎生	

黑摩利鱼全身漆黑如墨, 养于水族箱中别有一番情趣。

成年雄鱼体长7~8cm, 雌鱼体长可达10~12cm。其代表鱼有圆尾黑玛丽、燕尾黑摩利、皮球黑摩利等。除黑摩利外, 摩利鱼其同类由于颜色不同, 还有红摩利和银摩利之分。

黑摩利最佳者的体色一片漆黑, 目前的黑摩利品种有皮球黑玛丽、高翅黑摩利、高翅燕尾黑摩利、燕尾黑摩利、羹匙翅黑摩利等。

黑摩利是卵胎生鱼类中较难饲养的一个品种,在无日光照射的水族箱中很难饲养。性情温和,可与其他性情温和的鱼类品种混养。喜弱碱性硬水,对水温的变化很敏感,不喜一次性全部更换水。属杂食性鱼类,日常饲养中,以投喂活水蚤、摇蚊幼虫等动物性饵料(活食),也可投喂一些新鲜的菠菜叶或莴苣叶,并喜啃食水草和缸壁上的绿苔。更换新水后可放入少许食盐,预防疾病的发生。

金摩利鱼及其饲养

别名:大扯旗摩利鱼	**性格:**温和
原产地:墨西哥	**适宜温度:**20℃~24℃
繁殖水温:6℃左右为宜,卵胎生,繁殖容易	

　　金摩利鱼体呈宽纺锤形,侧扁,尾鳍呈扇形,鱼体为金黄色,全身布满金红色的小点,鱼体从鳃盖后端开始有10条纵向的由金红色小点组成的条纹,一直延伸到尾柄基部。背鳍宽大,展开时其宽度与鱼体高度差不多。体长可达100mm,饲养容易,对水质要求不高。

　　喜欢弱碱性的硬水,水温低于18℃易患水霉病和白点病。从不攻击其他鱼,是混养的好品种。杂食性,可常喂些开水烫过的碎菠菜叶。雄鱼背鳍高而宽,臀鳍呈尖形;雌鱼个体较大,臀鳍呈圆形。繁殖时按雌雄比例为1:2,将密植水草放入繁殖箱中,待雌鱼腹部膨大,捞出雄鱼。每条雌鱼每次产仔30~50尾。仔鱼产出后即可游动摄食。与其饲养和繁殖方法完全相同的还有银摩利鱼、五彩摩利鱼和皮球银摩利鱼等。

帆鳍玛丽鱼及其饲养

别名: 珍珠玛丽鱼、大扯旗摩利鱼

原产地及分布: 中美洲墨西哥　　**性格:** 温和

成鱼体长: 10.0~15.0cm　　**适宜温度:** 18.0℃~30.0℃

酸碱度: pH 6.0~8.0　　**硬度:** 4.0~20.0° N

活动水层: 中层　　**繁殖方式:** 卵胎生

　　帆鳍玛丽这类玛丽身体细长,体型较大,体色呈银灰色或青蓝色,有金黄色珍珠点分布在背胸及全身各部,在阳光或日光灯照射下,格外艳丽。高鳍帆翅类雄性鱼的背鳍在游动及求偶交配时,高竖如帆,姿态美妙绝伦。

　　帆鳍玛丽又名珍珠玛丽,体色金色的种类叫金玛丽,它的白化种也是体色金黄,但眼睛是红色的。性格温和,从不攻击其他鱼,杂食,爱啃吃藻类,可喂碎的植物绿叶。对水温适应性极强,体幅前后身近似等宽。头吻尖小,尾柄宽长。背鳍前高后稍窄,鳍基长,起自头后背部到尾柄前止;尾鳍宽大,外缘浅弧形;臀鳍很小。体色背部呈浅蓝黑色,体侧渐浅,至腹部泛灰白色,有红点。雄鱼背鳍鳍基黑色,间有点状细纹,外缘镶红色边。尾鳍浅红色,也有细纹及斑点,有变异为黑色或白化种玛丽。珍珠玛丽是热带鱼爱好者广泛饲养的一种,其中又可分为4个品种:燕尾珍珠玛丽、高鳍珍珠玛丽、高鳍燕尾珍珠玛丽及普通羹匙翅珍珠玛丽。

　　帆鳍玛丽对水质比较敏感,宜生活在弱碱性水中,喜弱盐水质(每10升水中加1匙盐)。要常换新水,防止水质酸化,在偏酸性的老水中不易成活。性情活泼好动,可与其他水质要求相近的小鱼混养。宜放于较大的水族箱内饲养繁殖。

　　帆鳍玛丽是卵胎生的鱼类,一般间隔35~40天可繁殖1次,产仔时一般无需特别照顾。繁殖水温26℃左右为宜,雌雄比例为1:2。将密植水草放入繁殖箱中,待雌鱼腹部膨大,捞出雄鱼,每条雌鱼每次产仔30~50尾。仔鱼产出后即可游动摄食。产后将亲鱼移出分养,以免吞食幼鱼。与其饲养和繁殖方法完全相同的还有银玛丽鱼、五彩玛丽鱼和皮球银玛丽鱼等。

月光鱼及其饲养

别名：新月鱼、满鱼、阔尾鱼、红太阳、花斑剑尾鱼

原产地及分布：中美洲墨西哥、危地马拉等江河流域

成鱼体长：5.0~8.0cm	**适宜温度：**20.0℃~26.0℃
酸碱度：pH 7.0~8.3	**硬度：**12.0° N~18.0° N

活动水层：中层　　**繁殖方式：**卵胎生　　**性格：**温和

　　月光鱼纺锤形，头小眼大，吻尖，胸腹部较圆，近尾部渐趋侧扁，尾柄宽阔，尾鳍圆弧形，背鳍位于身体中部偏后，外缘圆弧形。在天然水域中，其原始品种的体色为褐色和黑色，体侧有零星的蓝色斑点，尾柄上有半月形的黑斑纹。月光鱼小巧玲珑，色泽诸多，很受人们喜爱。

　　其中通身全红的是红月光，通身蓝色、唯头顶金黄色的是金头蓝月光，体腹红色而尾鳍黑色的是黑尾红月光，体表白玉色并镶嵌有红、黄、蓝等色斑的是三色月光。

　　月光鱼品种有红月光鱼、蓝月光鱼、金头蓝月光鱼、黑尾月光鱼、红尾月光鱼等。繁殖水温25℃~26℃。月光鱼能与剑尾鱼杂交，杂交品种常见的有红月光、蓝月光、黄月光、黑尾黄月光、黑尾红月光、花月光、金头月光、帆翅月光等品种。

　　月光鱼易变异，已稳定的品种不宜与剑尾鱼或别的月光鱼混养。此鱼喜中性偏碱硬水，在0.5%~1%盐水中生长较好。杂食性，性情温顺。5~6月龄性成熟。繁殖期间，雄鱼的体色会逐渐变深、变亮，臀鳍演化成输精管。若发现雌鱼腹部膨大，近肛门处出现大黑斑时为临产征兆。同缸成熟雌、雄鱼自行交尾繁殖。繁殖适宜水温为26℃左右，硬度9~10左右，1尾雌鱼可产下鱼苗30~40尾。

　　性情温和文静，可混养，食物为水蚯蚓、水蚤及人工合成饵料。

　　成年雄鱼体长5~6cm，雌鱼可达9cm。

7 红月光鱼及其饲养

别名: 新月鱼、满鱼、阔尾鱼

原产地及分布: 墨西哥、危地马拉等江河流域

水温: 18.0℃~24.0℃　　　**酸碱度:** pH 7.4~8.0

性情: 温和、文静,可混养

食物: 水蚯蚓、水蚤及人工合成饵料

　　该品种为最常见的月光鱼,在水族店肯定能看见。令人感到惊讶的是,很多月光鱼的原种就具有这种红色。如图片中的雌性个体那样,体形圆乎乎的,煞是可爱。

8 日落月光鱼及其饲养

别名: 新月鱼、满鱼、阔尾鱼

原产地及分布: 墨西哥、危地马拉等江河流域

水温: 18.0℃~24.0℃　　　**酸碱度:** pH 7.4~8.0

性情: 温和、文静,可混养

食物: 水蚯蚓、水蚤及人工合成饵料

　　日落月光鱼因拥有如夕阳那样美的体色而得名,是常见月光鱼的品种之一。小巧玲珑,色泽诸多,很受人们喜爱。因体色发亮,在水草水族箱内尤为显眼。让这种鱼成批群游的话,更能增添水族箱的魅力。

　　该品种拥有淡淡的色彩,是极具魅力的日落月光鱼金黄型品种,在深色调的水草布景水族箱内反而更醒目。乍一看似乎很纤弱,其实和其他月光鱼一样。

10 高鳍红月光鱼及其饲养

别名:新月鱼、满鱼、阔尾鱼

原产地及分布:墨西哥、危地马拉等江河流域

水温:18.0℃~24.0℃　　**酸碱度:**pH 7.4~8.0

食物:水蚯蚓、水蚤及人工合成饵料

性情:温和、文静,可混养

　　高鳍红月光鱼的背鳍是红月光鱼改良成的品种。大大的背鳍给人一种优雅的感觉,比红月光鱼更具存在感,在购买时最好选择背鳍漂亮的个体。成鱼体长:雄鱼5~6cm,雌鱼可达8~9cm。

11 针尾红月光鱼及其饲养

　　本品种是将红月光鱼的尾鳍改良成针尾型的品
种。虽然没有高鳍红月光鱼那样的存在感，但也是一种纤细、招人喜爱的品种。饲养时，应尽量避免
将之与啃鱼鳍的鱼混养在一起。

12 蓝胡椒高鳍月光鱼及其饲养

别名：新月鱼、满鱼、阔尾鱼

原产地及分布：墨西哥、危地马拉等江河流域

水温：18.0℃~24.0℃　　　　**酸碱度：**pH 7.4~8.0

性情：温和、文静，可混养

食物：水蚯蚓、水蚤及人工合成饵料

　　成鱼体长：雄鱼5~6cm，雌鱼可达8~9cm。

　　体短小而侧扁，腹稍圆。在天然水域中，其原始品种的体色为褐色和黑色，体侧有零星的蓝色
斑点，尾柄上有半月形的黑斑纹。

13 蓝月光鱼及其饲养

别名: 新月鱼、满鱼、阔尾鱼

原产地及分布: 墨西哥、危地马拉等江河流域

水温: 18.0℃~24.0℃　　　　**酸碱度:** pH 7.4~8.0

食物: 水蚯蚓、水蚤及人工合成饵料

　　蓝色系月光鱼的代表种类,是给人以最自然感觉的月光鱼。这种月光鱼还给人一种清凉感,煞是可爱。遗憾的是由于其人气被体色艳丽的品种压倒,因此看到这种鱼的机会不太多。

14 鳍红月光鱼及其饲养

别名: 新月鱼、满鱼、阔尾鱼

原产地及分布: 墨西哥、危地马拉等江河流域

水温: 18.0℃~24.0℃　　　　**酸碱度:** pH 7.4~8.0

食物: 水蚯蚓、水蚤及人工合成饵料

　　成鱼体长:雄鱼5~6cm,雌鱼可达8~9cm。

　　像这样各个鳍呈黑色的品种被称为黑鳍型,该品种是红月光鱼的黑鳍品种。各个鳍由于有黑色,给人以优雅的印象,其饲养与红月光鱼等其他月光鱼一样容易。

15 鳍红太阳月光鱼及其饲养

别名：新月鱼、满鱼、阔尾鱼　　**水温**：18.0℃~24.0℃

原产地及分布：墨西哥、危地马拉等江河流域

成鱼体长：雄鱼5~6cm，雌鱼可达8~9cm

性情：温和、文静，可混养　　**酸碱度**：pH 7.4~8.0

食物：水蚯蚓、水蚤及人工合成饵料

　　这种鱼是红太阳月光鱼的黑鳍品种，是非常常见的月光鱼。明朗的体色与黑色的鳍形成强烈的对比，在水族箱内极具魅力。在购买时，以选择鳍呈现明朗黑色的个体为佳。

16 钢盔月光鱼及其饲养

　　该品种因全身除头部之外都有色彩，看起来像是戴着钢盔一样而得名。乍一看可能会给人一种质朴的感觉，但仔细观察你会发现黑色的部分如金属那样闪闪发亮，非常漂亮。

17 薄荷米老鼠月光鱼及其饲养

别名：新月鱼、满鱼、阔尾鱼　**水温**：18.0℃～24.0℃

原产地及分布：墨西哥、危地马拉等江河流域

成鱼体长：雄鱼5～6cm，雌鱼可达8～9cm

性情：温和、文静，可混养　**酸碱度**：pH 7.4～8.0

食物：水蚯蚓、水蚤及人工合成饵料

　　该鱼的尾鳍所带花纹被戏称为米老鼠，非常招人喜爱，特别在小孩子中很受欢迎。在购买时，以选择尾鳍花纹清晰的个体为佳。

18 斑马鱼及其饲养

别名：蓝条鱼、花条鱼、斑马担尼鱼

原产地及分布：印度、孟加拉国　　**性格**：温和

成鱼体长：5.0～7.0 cm　　**适宜温度**：18.0℃～26.0℃

酸碱度：pH 6.5～7.2　　**硬度**：4.0°N～12.0°N

活动水层：中层　　**繁殖方式**：卵生

　　习性：没有洁癖，雄性修长，雌性丰腴。食性：血虫、红虫、水蚯蚓等。
　　斑马鱼身体呈纺锤形。背部橄榄色，体侧从鳃盖后直伸到尾未有数条银蓝色纵纹，臀鳍部也有与体色相似的纵纹，尾鳍长而呈叉形。雄鱼柠檬色纵纹；雌鱼的蓝色纵纹加银灰色纵纹。性情温和，小巧玲珑，几乎终日在水族箱中不停地游动。

易饲养，可与其他品种鱼混养。在水温11℃～15℃时仍能生存，对水质的要求不高。日常饲养时，在水族箱底部放些鹅卵石，使水质清澈。

雄鱼体狭长，活泼好动，体色较深；雌鱼腹部膨大，活动摇摇摆摆，体色较淡。

✲✲ 斑马鱼的繁殖

斑马鱼的雌雄不难区分：雄斑马鱼鱼体修长，鳍大，体色偏黄，臀鳍呈棕黄色，条纹显著；雌鱼鱼体较肥大，体色较淡，偏蓝，臀鳍呈淡黄色，怀卵期鱼腹膨大明显。斑马鱼属卵生鱼类，4月龄进入性成熟期，一般用5月龄鱼繁殖较好。繁殖用水要求pH6.5～7.5，硬度6°N～8°N，水温25℃～26℃。喜在水族箱底部产卵，斑马鱼最喜欢自食其卵，一般可选6月龄的亲鱼，在25cm×25cm×25cm的方形缸底铺一层尼龙网板，或铺些鹅卵石，繁殖时产出的卵即落入网板下面或散落在小卵石的空隙中。

选取2～3对亲鱼，同时放入繁殖缸中，一般在黎明到第二天上午10时左右产卵结束，将亲鱼捞出。其卵无黏性，直接落入缸底，到晚上10时左右，没有受精的鱼卵发白，可用吸管吸出。繁殖水温24℃时，受精卵经2～3天孵出仔鱼；水温28℃时，受精卵经36小时孵出仔鱼。

雌鱼每次产卵300余枚，最多可达上千枚。水温25℃时，7～8天的仔鱼开食，此时投喂蛋黄淘水，以后再投喂小鱼虫。斑马鱼的繁殖周期约7天左右，一年可连续繁殖6～7次，而且产卵量高。其繁殖力很强，是初学饲养热带鱼的首选品种。

19 接吻鱼及其饲养

别名: 亲嘴鱼、吻鱼、桃花鱼、吻嘴鱼、香吻鱼、接吻斗鱼

原产地及分布: 印度尼西亚、泰国、马来西亚

成鱼体长: 20.0~30.0 cm	**适宜温度**: 23.0℃~27.0℃
酸碱度: pH 6.0~7.5	**硬度**: 4.0° N~18.0° N
性格: 温和　**活动水层**: 顶层	**繁殖方式**: 卵生

此鱼有十分奇怪的行动，常用有锯齿的嘴亲吻同伴，这并非是爱情，可能是一种较量。身体呈长圆形，头大嘴大，尤其是嘴唇又厚又大，并有细细的锯齿。眼大，有黄色眼圈。背鳍、臀鳍特别长，从鳃盖的后缘起一直延伸到尾柄。胸鳍、腹鳍呈扇形，尾鳍正常。身体

卵形，侧扁。体色银白，略带粉红色，吻部淡红色。性情温和，可与其他品种鱼混养。由于接吻鱼喜欢用厚嘴唇吮食箱壁和水草上的青苔，所以在养鱼时，常常每箱放一尾接吻鱼做"清缸夫"。

接吻鱼对水质要求不严。生长快，体质强壮，不易患病，平常最爱刮食缸壁的藻类。身体的颜色主要呈肉白色，形如鸭蛋。人工饲养时也有青灰色的，为罕见品种。

接吻鱼接吻的时间长短不一，但次数相当频繁，这在鱼类世界中也是一种罕见的现象。接吻鱼互相相遇时，双方都会撅起生有许多锯齿而呈吸盘状的嘴巴，用力地接触，丝毫不顾及周围环境的影响，可不要以为这是它们情人之间的深情款款，其实这是一种争斗的现象，是在为了保卫自己的空间领域而战斗。但这种争斗并不激烈，只要一方退却让步，胜利者并不会继续穷追猛打，而是继续埋头它

的清洁工作，似乎什么也没有发生过。所以，它们温和的习性不会对其他任何鱼类构成威胁，因而适宜于混合饲养。

接吻鱼平时性情极为温顺、活泼，因此不宜同喜欢安静的热带鱼混养。接吻鱼的食性较杂，虽然是大型鱼种，但一般对大型水蚤并不感兴趣，而经常是长时间地张开大嘴去"喝"一些小型水蚤才能吃饱，这也是热带鱼的一种特殊的取食方式。

接吻鱼喜偏酸性软水，水温以22℃～26℃为宜，能刮食水草和缸壁上的藻类青苔，起清洁作用。

≫ 接吻鱼的繁殖注意事项

接吻鱼体质也是十分强健的，它们对水质无特殊要求，并且还不易生病。它从不欺侮任何小鱼，饲养起来也比较容易，在22℃～28℃的水温条件下生长良好。当水温临近接吻鱼的致死温度时，身体就会呈僵白色，水温再行下降即可引起死亡。接吻鱼生长极其快速，一般经过15个月时间的饲养就可进入成熟期，可以算一种较大型的高产鱼类。它们是卵生鱼类，繁殖十分容易，雌雄鉴别却有点难，因为除了成熟的成鱼在繁殖期，雌鱼的腹部因为含有大量的鱼卵显得膨胀而得以区分，在平时，它们的长相几乎是一模一样。

接吻鱼在人工饲养条件下没有固定的繁殖季节，而且繁殖起来也并不困难。要成对饲养为佳，并大

量投食才能利于繁殖。它们的雌雄不易区别，幼体几乎无法辨认雌雄。成体一般雄鱼鳍臀宽而长，躯体显得细长一些；雌鱼臀鳍窄，躯体宽厚，腹部微鼓。当雌鱼性成熟后，腹部因充满卵子而膨大，从鱼缸顶部向下看时非常明显。接吻鱼虽然是斗鱼科热带鱼类，但是它们不会构筑泡沫巢产卵，它们的鱼卵本身就具有漂浮性。但需要注意的是，接吻鱼在产卵后会吞食鱼卵，所以在产卵结束后应该立即将种鱼捞出，确保鱼卵数量。另外，由于接吻鱼的产卵数量根据种鱼大小一般都在1000～3000以上，而且它的鱼卵具有大量油性物质，极易造成水质污染而影响到鱼卵的孵化成活率，所以要即时改善水质。受精卵经过36小时左右孵化，36小时后，仔鱼即可以自行游动摄食较小的水蚤，10天之后就无需再特殊照顾。

如果想领略接吻鱼的"倾情一吻"，最好从小饲养，数量不要太多。接吻鱼为卵生，体外受精，一般要用体长在20cm以上的做亲鱼。

用80×40×40cm以上较大的水族箱进行繁殖，用5～7天的老水，水温在25℃～27℃之间，酸碱度为pH6.8～7.4，硬度为9°N～11°N，箱内水面上放置一层浮生水草。雄鱼不停地围绕着雌鱼转，当达到适当的位置，呈"U"形裹在雌鱼的身上挤抱，雌鱼产卵后雄鱼立即射精。雌鱼每次能产500～10000枚卵，平均3000枚。它的卵属于浮性卵，漂浮在水面上层似油状，浮生的水草可以使它们免遭亲鱼误吞食。

产完卵后，就可以将亲鱼捞出，对卵进行人工孵化。20～24小时即可孵出仔鱼，2～3天仔鱼能游动起来后，要大量喂洄水，否则它们就会饿死。2～3天后再喂小红虫3～4天，随后可喂大虫。15～20天时，要把迅速生长的仔鱼分成两箱或三箱饲养，才能保证较高的成活率。有时一窝仔鱼可以成活9000多尾，一年左右达到性成熟，寿命可达6～7年。

斗鱼的系列品种和饲养

　　在五彩缤纷的观赏鱼国度中，提起斗鱼，鱼友一定不会感到陌生。斗鱼英武飒爽的矫健身姿和骁勇善战的独特个性吸引着众多爱好者，近年来随着对斗鱼不断杂交选育的成功，新兴的展示型斗鱼千姿百态的鳍型和鲜艳夺目、绚丽璀璨的体色，更使它们成为目前最流行和抢手的观赏鱼之一。

泰国斗鱼及其饲养

产地: 原产泰国、马来半岛　　**科属:** 攀鲈科搏鱼属

成鱼体长: 6.0cm　　**水质:** 弱酸性软水

水温最低: 大于20℃　　**繁殖方式:** 卵生

　　泰国斗鱼最初发现于泰国(暹罗),至今已有100多年的历史了。身呈纺锤形,侧扁。原有野生品种色彩单调,雌鱼呈淡褐色,雄鱼呈咖啡色或黑色。雌鱼的鳍、体型均比雄鱼要小;雄性斗鱼的背鳍扇形,各鳍颜色也较雌鱼亮丽。因极具攻击性,又称为搏鱼,若两雄鱼同缸饲养必斗个你死我活。泰国斗鱼一般体长6cm,最大可达8cm,喜食子孑,经过人工驯养后已出现红、绿、蓝等异彩纷呈的色彩,属于泡沫型繁殖的鱼种。

　　今天所饲养的泰国斗鱼都是世界各国热带鱼爱好者人工培育出来的品种,按颜色来分有:鲜红、亮绿、艳蓝、淡紫、纯黑、奶白、微棕等,单色、杂色的泰国斗鱼更是多得不胜枚举,它们各鳍的长度也大大增加。

　　泰国斗鱼是一种十分有趣的热带鱼。雄性之间十分好斗。如果将两条雄斗鱼同缸,它们之间的战斗常常要持续到其中的一条斗鱼毙命为止,得胜的一方身上色彩较平常更为鲜艳。要是想让斗鱼斗架,可选两条大小差不多的雄鱼,把它们放在一口有玻璃隔板的鱼缸中,并用玻璃隔板把它们分开。一旦发现这两条斗鱼展开它们的鳍,身上的颜色变艳,并且头对头地顶着玻璃隔板想游到一起时,说明双方急于见个输赢,这时把缸中隔板撤掉,战斗随即开始。当这两条雄鱼相遇时,它们将各鳍展开并来回摆动的身体,借此来恫吓对方,其中的一条首先攻击它的对手,另一条奋起反击。斗架时鳍刺伸展,鳃膜突出环绕喉咙,很像斗鸡的羽毛,它们死咬对方的鳍。在不长的时间里,那些鳍看起来如同碎布条,直到其中的一条鱼被咬死,战斗才会停息。

得胜的雄鱼要好好恢复元气，它被撕开的裂鳍大部分会再长到一起，但鳍刺会变粗，伤口愈合后，会留下伤疤，往往失去了观赏价值。

泰国斗鱼的繁殖并不困难，在准备繁殖泰国斗鱼之前，首先应该挑选合适的泰国斗鱼种鱼。泰国斗鱼雄鱼不能合养。每条斗鱼的雄鱼应该单独饲养在一口小缸里。雌鱼对水质要求不严，在21℃~30℃的水温下生长良好。实际饲养中可把一雌一雄与不相同的鱼混养。

泰国斗鱼为卵生。雌鱼的颜色没有雄色的鲜艳，雄鱼的背鳍、臀鳍、尾鳍比雌鱼用全长5 cm以上的做亲鱼。繁殖较容易，把繁殖用水温调到27℃左右，pH值7，硬度9° N~11° N。繁殖箱放置一层浮性水草，然后将挑好的亲鱼直接放入箱内。作为亲鱼的雌鱼一定要达到性成熟，如果雄鱼发情而雌鱼不发情，雄鱼就会追咬它，应将鱼捞出，否则雌鱼会被雄鱼咬死。产卵前雄鱼先修建气泡卵巢，产卵时雄鱼把雌鱼驱赶到气泡巢下，然后用身体裹在雌鱼身上，雌鱼将卵排出雄鱼使之受精，如果卵子掉到底部，雌雄鱼会把它们拾起，然后吐在气泡巢里。产卵完毕后只需留下雄鱼看护鱼。

尽管雄斗鱼斗架时非常残忍，然而它对自己的子女却呵护备至。它除在产卵前修建气泡巢外，在鱼卵孵化时，它一刻也不休息，时而拾起沉粒，时而维修气泡巢，经常环绕气泡巢四处游动，警惕地防范着可能入侵的敌人。仔鱼能独立生活后，可以把雄斗鱼从繁殖箱中捞出喂养。一对亲鱼每次产200枚受精卵，在36小时左右孵化，仔鱼在孵化三天后即能自由游动。

2 圆尾斗鱼及其饲养

别名: 黑老婆、草鞋鱼　　　　**原产地及分布:** 中国

成鱼体长: 13cm　　　　　　　　**适宜温度:** 16.0℃~26.0℃

酸碱度: pH 6.0~8.0　　　　　　**硬度:** 5.0° N~19.0° N

性格: 温和　　**活动水层:** 顶层　　**繁殖方式:** 卵生

　　圆尾斗鱼生命力强,易饲养,能食稻田害虫及孑孓等,是一种有益鱼类,也可以作为观赏鱼。主要分布于长江流域及中国北部。

　　圆尾斗鱼是一种小型淡水鱼类。因其体色柔和艳丽且生性好斗,故备受观赏鱼爱好者的青睐。圆尾斗鱼体长5~8cm,呈梭形、侧扁,全身被栉鳞,吻短、口小、眼大。尾鳍呈圆形,体侧具不明显淡橙色或浅黄绿色相间的条纹。体色通常为灰褐色,光线较弱时背鳍、臀鳍和尾鳍呈红色;圆尾斗鱼鳃上具副呼吸器,能浮于水面呼吸,故能耐浊水和低氧,自然存活于沟渠、小溪、池塘和水田中。该鱼喜在水体上层活动,休息时则下沉水底,水温在24℃~27℃时,最适其生存。体侧扁,呈长椭圆形,背腹凸出,略呈浅弧形。头侧扁,吻短突。眼大而圆,侧上位。眶前骨下缘前部游离,具弱锯齿,后部盖于皮下。眼间隔宽,微凸出。前鼻孔近上唇边缘,后鼻孔在眼近前缘。口小,上位,口裂斜,下颌略突出。上下颌牙细弱,犁骨与腭骨无牙,前鳃盖骨和下鳃盖骨下缘具有弱锯齿。鳃孔重大,鳃上腔宽阔,内有迷路状鳃上器官,有辅助呼吸作用。鳃盖膜左右相连,与峡部分离。

　　具圆鳞,眼间、头顶及体侧皆被鳞,背鳍及臀鳍基部有鳞鞘,尾基部亦被鳞。侧线退化,不明显。背鳍一个,起于胸鳍基后上方,基底甚长,棘部与鳍条部连续,后部鳍条较延长。臀鳍与背鳍同形,略长于背鳍,起点在背鳍第三鳍棘之下。胸鳍圆形,较短小。腹鳍胸位,起点略前于胸鳍起点,外侧第一鳍条延长成丝状。尾鳍圆形。

　　体侧黯褐色,有的黯灰色,有不明显黑色横带数条。鳃盖骨后缘具一蓝色眼状斑块,小于眼

径。在眼后下方与鳃盖间有两条黯色斜带。体侧各鳞片后部有黑色边缘。背鳍、臀鳍及腹鳍黯灰色，胸鳍浅灰色。雄鱼常比雌鱼体色鲜艳，背鳍和臀鳍后部鳍条更为延长。

圆尾斗鱼为小型鱼类，体长不超过13cm，栖息于湖泊、池塘、沟渠、稻田等静水环境中，以桡足类、轮虫、水生昆虫为食。产卵期为5～7月，卵浮性。产卵前，雄鱼先选择一处水面平静避风的地方，由口吐成一个表面隆起或略平扁的泡巢。雌鱼接近雄鱼，横卧身体，雄鱼随即紧贴雌鱼，并把雌鱼的身体倒转过来，使其腹部朝上，雄鱼贴在雌鱼的上面。此时雌雄鱼各排出卵子和精子。由于卵子比水重，卵子在水中往下沉，此时的雄鱼会用口接住，把卵黏着在浮巢下面。整个过程非常有趣。

但由于人们的不重视，除了少数原生鱼爱好者会认真饲养、繁殖外，绝大部分人并没有认识到这种美丽的原生鱼。在菜市场、喂养大型热带鱼的饲料鱼里，频繁出现它们的身影，实在令人可惜。另外，由于农药、化肥的使用及电鱼、毒鱼等非法活动的猖獗，以圆尾斗鱼为代表的一批漂亮的原生鱼类的数量正在急剧减少，亟待保护。

≫≫ 圆尾斗鱼的饲养与管理

①饲养鱼的选择。

从野外沟渠中捕获的或购得的健康圆尾斗鱼均可人工饲养。用于饲养的鱼体一定要具备色泽鲜艳、体表无损伤且游动有活力的特征。若鱼体不够健康，在饲养的过程中易染病死亡。

②容器环境与光照条件。

因圆尾斗鱼的适应性较强，故对其饲养的容器无特殊的要求，一般可用60.6cm×36.6 cm×30.3cm的7号水族箱饲养，最大可投放50尾；为防止雄鱼打斗，可在水族箱中加设隔板或将雄鱼分开饲养。此外，可在缸内植入金鱼藻、黑藻，在缸底放入钟乳石、鹅卵石，有利于营造隐蔽的环境。

圆尾斗鱼属夜行性鱼类，夜间比较活跃，因此环境光线要暗些；若室内光线偏暗，可以在鱼箱上方安置一个白炽灯泡，每天照射3～4小时，以弥补水草光照的不足。

③水环境条件。

可在准备好的玻璃鱼缸内注入清洁河水、池水或放置一天以上的自来水，将圆尾斗鱼放入缸中即可；水的pH值控制在6.5～7.2为宜，如果pH偏低，可洒小苏打，偏高则加磷酸或放入半个烂苹果加以调节；另外，虽然圆尾斗鱼具有副呼吸器，但人工饲养的水体与自然水体不同，鱼体的代谢物都淤积在水族箱中，消耗的溶解氧比较多，因此每7~10天要换一次水，换水量为原来的一半（生殖期间每4~5天换一次水，每次也是换去原有水量的一半，用虹吸管小心吸去缸底污物），保持鱼缸中的溶氧不低于5mg/L，否则易发生"浮头"现象。

④饵料。

圆尾斗鱼属典型的杂食性，食性广，面包屑、馒头屑、肉屑、红虫、蚯蚓（剪碎）、浮游动植物均是其喜食的饵料；在自然水体中尤其喜食蚊的幼虫。一般每天每条成鱼饲喂0.3~0.5g，分2~3次饲喂。幼鱼宜投喂草履虫、轮虫，或用熟蛋黄研细加水调制成糊状，撒于水面饲喂，每天每缸加1/8个蛋黄即可，过多则会因饵料过剩造成水质变坏。

3 叉尾斗鱼及其饲养

别名：中国斗鱼、兔子鱼、天堂鱼

原产地及分布：中国台湾、长江上游、海南岛及越南

成鱼体长：6.7cm	**适宜温度**：16.0℃~26.0℃
酸碱度：pH 6.0~8.0	**硬度**：5.0° N~19.0° N

性格：温和　　**活动水层**：顶层　　**繁殖方式**：卵生

大家平常在市场上看到的那些美丽的叉尾斗鱼，大都是由兔子鱼经人工培育而来，兔子鱼有很多美丽的人工培育品种。

以前在我国南方的野外溪流、河沟、稻田到处可见，因为它的分布地带属于亚热带地区，因而中国斗鱼可以0℃以上的低水温环境中良好生存，在14℃以上的水温中也可以很好地生长。现在因水质污染，它们几乎灭绝，难得一见，只能在南方的一些稻田小溪中可以找到。

叉尾斗鱼的种类

①白化品种。

白叉尾斗鱼：经叉尾斗鱼白化而来，又叫"白兔"，是目前国内较为常见的品种。

②改良品种。

红叉尾斗鱼：经野生叉尾斗鱼改良而来，色彩鲜艳，又叫"彩兔"，目前在国内较为少见，但在欧美国家的水族店里很常见。

蓝叉尾斗鱼：经野生叉尾斗鱼突出蓝色色彩改良而来，国内较为少见。

黑叉尾斗鱼：又叫黑天堂鱼，经野生黑叉尾斗鱼改良而来，黑色更加浓郁，鱼鳍延长，国内几乎没有该种出售。

圆尾斗鱼：又叫中国天堂鱼，经野生圆尾斗鱼改良而来，体色更加鲜艳。

③杂交品种。

繁殖方法

这类鱼在产卵前由雄鱼在水面吹泡作巢，吹空气集成细密的水泡集结在水面上后，雄鱼开始向雌鱼求爱，假如雌鱼未成熟或不能产卵时，就会被雄鱼咬死。当交尾时，雄鱼弯曲身体，包围着雌鱼的身体，并摩擦雌鱼的腹部使其产卵，雄鱼在第一时间内射精。接着，雄鱼把受精卵集中后用口吹进泡巢然后小心保护，直到仔鱼出世觅食为止。所以，到了产卵期，就要另准备一个鱼缸。鱼缸不必太大，大约40cm长就可以了。在鱼缸内放入部分水草，水温保持在25℃~28℃。先把一尾雄鱼放入，第二天再放入一尾成熟的雌鱼。当雌鱼进入鱼缸后，雄鱼开始将口部伸出水面吸气，并沉入水中在水草下面吐泡沫。大约半天时间，就会造成泡巢，产卵的准备工作基本完成。接着，雄鱼和雌鱼就开始交配，如果雌鱼不配合，可更换一尾。交配成功后，雌鱼开始产卵。产卵后雄鱼会认真地看守着泡巢，同时继续不停地吐出泡沫来维护泡巢。如果鱼卵脱离泡巢时，雄鱼会马上用口将卵送回泡巢内。

大约两天后，仔鱼就孵化出来了。开始仔鱼不会游泳，静待在浮巢之下，靠吸收卵子脐囊里的营养物维持。再经过三四天后，可用羽毛蘸鸡蛋清甩在水里喂小鱼。三星期后可改喂小水蚤或其他动物性饲料，并可逐步提高喂食量，很快，小鱼就会长大。

其他观赏鱼的系列品种和饲养

观赏鱼的种类很多，无法归类齐全或都做详尽介绍，该篇内容主要介绍目前鱼友多有养殖、同样极具观赏价值的鱼种，包括美人鱼、老虎鱼、丽丽鱼、罗汉鱼、地图鱼等常见的观赏鱼。

珍珠马甲鱼及其饲养

别名: 珍珠鱼、珍珠丝足鲈、蕾丝丽丽、李氏毛腹鱼

原产地及分布: 东南亚泰国、马来西亚及印尼

成鱼体长: 9.0~12.0cm　　**适宜温度**: 23.0℃~28.0℃

酸碱度: pH 6.5~7.5　　**硬度**: 4.0° N~8.0° N

性格: 温和　　**活动水层**: 中层　　**繁殖方式**: 卵胎生

　　珍珠马甲鱼的银白色身体上有碎点分布，一条黑线从吻端穿过眼径直达尾柄末端；臀鳍长，占身体的2/3长；腹鳍特化呈丝状，长丝状的腹鳍可以灵活转动，雄性下喉部色泽橘红色十分美丽。

　　该鱼易饲养，属于攀鲈亚目毛足鲈属。具有鳃上器，可以辅助呼吸。该鱼性情温和，可与其他大小相似的鱼混养。但发情期该鱼性情暴躁会攻击同类。

　　该鱼食量大，喜食红虫等动物性饲料，也可以投喂人工饲料。饲养时可种水草，供其隐藏和休息。繁殖习性：该鱼喜泡巢繁殖。雄鱼在水面上用自己的唾沫建造一个由气泡组成的巢，并将受精卵置入其中，受精卵经1~2天孵化，约经过3~4天幼鱼开始自由游动、觅食。

　　珍珠马甲鱼可以利用褶鳃直接呼吸空气，因此能忍受较为恶劣的水质条件。存活的下限温度为14℃，食性为杂食性但偏动物性。它的色彩美丽（尤其是繁殖季节的雄鱼），容易饲养，所以广受水族爱好者的欢迎。

⚡ 珍珠马甲鱼的繁殖

　　①亲鱼的准备和雌雄鉴别。

　　珍珠马甲鱼经过10个月以上的饲养，体长可达6cm以上，性腺开始成熟。据笔者观察，体长在6~8cm的二龄鱼，其繁殖成功率最高，体长超过10cm的个体可能是已经过了青春期，繁殖成功率反而较低（在良好的水族箱环境中珍珠马甲鱼的寿命可超过5龄）。

②产卵环境。

繁殖前先把雌雄亲鱼隔离饲养20天以上,用水蚤等活饵饲喂。繁殖时视鱼体大小,把一对亲鱼放在0.5m×0.4m×0.3m至0.8m×0.5m×0.4m的产卵缸中,水温调控在25℃~30℃(最好比平时稍高1℃~2℃);pH值6.8~7.5,水的硬度为5°N~10°N。珍珠马甲鱼的受精卵为浮性卵,孵化时要求有泡沫巢,故在产卵缸中应放置一些浮在水面上的水草,使雄鱼所吐的泡沫集中,有利于泡沫巢的形成。虽然性腺发育良好的雄鱼也可在没有水草的缸角吐泡沫筑巢,但放置水草后,所筑的泡沫巢直径更大,一般可达5~8cm;而且水草能诱发亲鱼较快地进入发情状态。由于放置的水草须经严格消毒,且有时因缺少光照而腐烂,也可采用直径5cm左右的泡沫块代替水草,效果良好。

③繁殖行为。

性腺发育良好的雄鱼在入缸后1~3天内开始吐泡沫筑巢,一般约需2~5小时才能把巢筑好,然后开始追逐雌鱼;此时雄鱼的色彩变得十分鲜艳,雌鱼体色也比平时要鲜艳一些。雄鱼在雌鱼面前颤动着身体,翩翩起舞,倘若雌鱼性腺发育良好,经几次追逐后便与

雄鱼相互配合,有时甚至出现雌鱼主动追逐雄鱼。在这种情况下,如果雄鱼个体比雌鱼小,繁殖往往不能成功,或者雌鱼不能把卵全部产光。如果是雌鱼性腺发育不很成熟,雌鱼会到处躲避雄鱼,此时需及时把雌鱼换走,否则雌鱼会受伤。

雄鱼把雌鱼引到泡沫巢下,卷曲身体裹住雌鱼,然后双双腹部朝上排出精、卵。如此多次反复可把卵全部产光,受精卵被包裹在泡沫中。一般体长6~8cm的雌鱼可产卵1000~2000粒,卵径大约0.5mm左右。

④孵化。

雄鱼有护卵习性,会照顾泡沫巢中的卵及刚孵出的仔鱼,见有卵从泡沫巢中掉下来,马上用口接住,再吐出安置在巢中。此时雄鱼不让雌鱼靠近泡沫巢,会不断驱赶雌鱼。为避免雌鱼受伤,故在雌鱼产卵后需及时将其移走。有些鱼友的做法是把交配产卵后的雌雄鱼都移走,让卵独自孵化。经过一天后, 原先色泽较淡的卵变黑, 再过一天, 仔鱼破膜而出; 出膜后约经1~2天, 仔鱼的卵黄囊基本消失, 仔鱼开始平游摄食。

≫ 珍珠马甲的选购

买鱼的方法是望、闻、问、切。因为鱼店里的鱼是"百家鱼", 也就是各个养家缸里不同的鱼和不同的水质都在短时间进入了零售店的缸里, 这些鱼本身就都带有一定的寄生虫和细菌。如果没有过好水就进缸, 一般鱼店的人只泡缸不过水, 那么不同的水质会将这些寄生虫和细菌从鱼的身体里激发出来, 还有就是不同的水质突然的变化会让鱼无法适应, 最明显的表现就是没有过多的症状但总是无故的死鱼, 鱼店的人是鱼随死随捞, 如你不仔细观察是很难看见的, 这也是为什么养家手里的鱼一点都不值钱, 而到了零售店价格却翻了7~8倍的原因之一。

为什么在鱼店里买鱼时要望、闻、问、切。从鱼店里买鱼的时候, 不仅要看鱼还要看缸里的水看过滤系统, 这是因为影响鱼健康生长最重要的因素是水和过滤系统, 你只看鱼, 短时间是看不出来什么的, 除非你不走, 不吃也不喝, 一看看三天。所以不要一看到喜欢的鱼简单的看了看就立刻买(除非是极稀有的), 一般买鱼在一个店要看两到三周, 有的则要一月, 尽管这样很累也麻烦, 但这样买回的鱼健康率在90%以上, 时间是搭上了, 但能省了不少麻烦, 还有就是和鱼店的老板能混得很熟, 方便以后的购鱼。这样鱼在它们的店里如能生活两周至一个月以上且过滤系统良好的话, 就证明鱼店的水养得不错, 鱼也逐渐适应了, 这时大家又会问, 究竟怎样看过滤系统和水质呢?

望, 第一要看水的清澈度, 如水的透明度很好, 鱼却藏在一些角落里, 这是因为鱼有非常强的紧迫感, 主要是对水质及环境不适造成的, 而水不是很清澈, 但鱼却很活泼并索食欲望强烈, 就说明鱼已完全适应了缸中的水质

及环境。

闻，这里的闻不仅是听鱼店老板对鱼的介绍，还有就是你要用鼻子去闻缸中水的味道，或在确保你的手中没有其他味道的前提下，用手指蘸一些水，吹干后去闻。珍珠马甲最好的水质是带有一点淡淡的腥味，一点没有或很浓则证明水中的生态系统没有建立或已崩溃。这能为你挑好鱼帮很大的忙。

问，是最简单的了，这其实是你考察鱼店老板的人品、水平和信誉的时候，有时可能你还要故意说错一些东东，看他是否为你纠正，关于这点每个人的看法都不一样，就不做过多的讨论了。

切，鱼也有脉吗？不是切鱼脉，这里的切是指动手，也是我们用实践来检验真理的重要手段了。首先动手摸一摸裸缸的缸壁或缸内其他的器械，如有一点滑腻腻的感觉，则证明鱼的新陈代谢较好，但绝对不应该是一摸感觉滑腻腻的东西很多，过多实际是亚硝酸盐含量过高的表现，当然你取一些水回家，自己测一测也行；用手摸一摸过滤棉，或看一看出水泵的周围，如果有像鼻涕一样的东西，则证明水质相当不错，富含营养。方便的话带一点pH试纸是最好的。买回去后用刚才介绍的方法进行过水即可。还有就是如真要去买鱼的时候最好不要选择节假日，这个时间也是鱼店大量上鱼的时候，也就是鱼的危险期，买回去的成活率较低。

2 蓝曼龙鱼及其饲养

别名: 蓝线鳍鱼

原产地及分布: 马来半岛、泰国、印度尼西亚

成鱼体长: 10.0~13.0 cm	**适宜温度:** 22.0℃~28.0℃
酸碱度: pH 6.0~8.0	**硬度:** 4.0° N~18.0° N
性格: 温和　　**活动水层:** 顶层　　**繁殖方式:** 卵生	

蓝曼龙鱼体型呈椭圆，体色蓝灰色，体表布满深蓝色的花纹，幼鱼天蓝色的体色非常的漂亮。它的性情温和，可与其他品种的鱼混养，对水质要求不严，饵料以小型活食为主，食性较杂，对人造

饲料也能很好摄食。

蓝曼龙鱼体色艳丽，性情温和，幼鱼时常到水面吞咽空气，显得滑稽可爱；该鱼对水质适应力强，价格又比较低廉，所以是一种被世界热带鱼爱好者广泛饲养的品种。其人工培育的品种是黄曼龙，又称金曼龙，因其体色金黄而得名。这种人工培育的品种无野生种。

》 生活习性

①对溶氧的要求。

蓝曼龙和丽丽鱼、珍珠鱼一样，有褶鳃的辅助呼吸器官，位于鳃腔上方，由粘膜状的复杂皱褶组成，可以在含氧量较少的水中生活，并且当水体缺氧时还可以浮到水面吞咽空气，所以对水中缺氧不会犯愁。

②食性。

属杂食性鱼类，可以接受多种食物，最爱吃水生的活饵料，如枝角类等；也可以接受孑孓、线丝虫、水蚯蚓、水蚤等多种活饵；能吃人工干饲料，甚至吃活的小鱼苗，连虾蟹籽粒也摄食，但不会追逐吞不下的小鱼。要想让其顺利繁殖，必须在繁殖前投喂枝角类或小鱼苗等活饵达一个月以上。不过蓝曼龙还是最喜欢浮在水面上的饲料。

③温度要求。

这种鱼喜欢栖息于不太流动或完全静止的天然水域中，对水质没有特殊的要求。需要的水温比较高，但耐低温的能力却较强，有时偶尔也在低温处（14℃）生存，致死的下限温度为11.5℃。最适温度在22℃~28℃，耐低温的能力强于其他热带鱼，在18℃时尚可少量摄食。

④饲养。

由于蓝曼龙鱼躯体较大，且爱幽静，所以饲养水族箱宜大些，同时箱内最好种植一些水草，如能同时用美丽的石块堆成假山，既可供蓝星鱼藏匿，又能引起"以景衬鱼"的作用。蓝曼龙适应能力强，性情温和，常有规律地游到水面。因其常欺负体型比自己小的鱼儿，所以不能和个体特别小的鱼（如宝莲灯、红绿灯、绿莲灯等）在同一个水族箱混养，但可以和体型大小一致的其他品种的热带观赏鱼混养。

蓝曼龙鱼的繁殖

①亲鱼选择。

蓝曼龙鱼一般经6~7个月的生长就可达到性成熟，最好选择月龄在12~20月之间的蓝曼龙做亲鱼。此时体长10cm左右，繁殖力最强，一次产卵可达2000多粒；月龄太大的鱼繁殖不理想。对亲鱼的要求是：形体健壮、色彩鲜艳，雌鱼必须选择腹部明显膨大的，雄鱼个体应大于雌鱼，否则繁殖不一定能成功。

②繁殖环境。

将一对亲鱼（雌雄各一）放在繁殖用的水族箱中，水族箱大小为50cm×35cm×35cm；若繁殖用水族箱兼作仔、稚鱼培育，面积必须在0.5㎡以上。水温比平时略高1℃~2℃，以26℃~28℃最为合适。蓝曼龙可饲养在pH值6.0~8.8、硬度为5° N~35° N的水体中，但作为理想的繁殖用水，pH值应控制在6~7.5，硬度为7° N~15° N之间。繁殖时无需充气增氧，保持环境安静最为重要，更不能用过滤设备。

蓝曼龙产卵前有筑泡沫浮巢的习性，故需在水面上放一些漂浮的大叶水草，也可放一块塑料泡沫板，使蓝曼龙筑巢容易些。

③产卵。

放入繁殖水族箱或缸中的亲鱼，在三天内雄鱼开始筑巢。雄鱼游到水面吞咽空气，空气在口腔中与口腔粘膜分泌的黏液混合，吐出一个个小空气泡；数以千计的空气泡在水草（或泡沫板）下面及其四周聚集成一个直径为5~15cm的浮巢。雄鱼筑巢大约需花费3~10小时，筑巢完毕就开始追逐雌鱼。此时的亲鱼尤其是雄鱼的体色变化很快，体色经常在2~3秒时间内从艳蓝变成墨绿色；如果受到人为的惊动，又马上变回到平时的蓝色调,十分有趣。雄鱼这时十分亢奋,全身痉挛,以各种舞姿向雌鱼求爱,引诱雌鱼共同到浮巢下产卵。若雌鱼发育良好,就会和雄鱼一道游到浮巢下,雄鱼拥抱雌鱼(雄鱼和雌鱼身体都弯成"C"形);雄鱼用头触雌鱼腹部,雌鱼向浮巢排放卵子,雄鱼随即排放精子。如此连续7~10次,雌鱼才能把全部卵子排空。

产卵完毕,须立即将雌鱼移开,因为这时的雄鱼变得很有攻击性,不允许雌鱼靠近浮巢,经常去啄雌鱼,甚至会将雌鱼啄死。雄鱼全力以赴看护受精卵,偶见少数受精卵从浮巢中掉下来,雄鱼会小心翼翼地用口接住,吐回浮巢中。产卵后第二天受精卵出现眼点,第三天孵出鱼苗,浮巢渐渐消散。当雄鱼的护幼任务结束时,需把雄鱼移开。孵出的仔鱼分散在水面上,尤其是缸沿四周。此时在解剖镜下观察,可见仔鱼腹部有带油球的卵黄囊,第四天油球消失,开始平游,进入仔鱼培育阶段。

蓝曼龙鱼的疾病防治

饲养蓝曼龙在体长1.5~2.5cm阶段易得细菌性肠炎,但不是很严重;对此,发病前用呋喃唑酮2mg/L药液泼洒。

◎白点病

症状:病鱼神情呆滞,常在水流中冲洗或岩上蹭痒,体表布满白色或浅灰色斑点,病鱼出现交互感染和两次感染。常见的病原体有两种:一是类似于淡水中的多子小瓜虫,病鱼体表呈白点状;一种是卵圆鞭毛虫,病鱼体表呈浅灰色斑点,不易治愈。

防治方法:

①将水温提高到30℃,寄生虫会因水温升高而导致其胞囊破裂,自动脱离鱼体,这种方法对初次感染白点病的病鱼治疗效果较好,但对二次感染的病鱼效果不明显,必须同时用药物浸洗才行。

②将新砖放入尿液中浸泡24小时,晾干后放入水族箱中,10余小时后鱼体上的小白点膨胀,再过10余小时,可见体表的小白点纷纷脱落,效果较好。

③将病鱼浸在淡水中,它由9份淡水和1份海水兑掺形成,浸洗时间0.5秒~2分钟,应注意观察鱼体的适应程度,见鱼呼吸紧张时应立刻移入海水中。

④将10千克海水放入玻璃缸中,加入0.05克硫酸铜,充氧,浸洗病鱼5~8分钟,24小时后可见体表白点脱落。这种方法对初次患病鱼体效果较好,但对二次感染的鱼体效果不明显。

◎烂鳍烂皮肤病

症状：病鱼各鳍残缺不全，体表鳞片脱落，皮肤腐烂并有浅表性溃疡。发病原因可能是海水观赏鱼彼此间争抢地盘，互相打斗，或者对新水不适应，导致鳍条皮肤受伤，引起细菌交互感染，特别是在已有鱼的水族箱中放入新鱼后，更易出现这种情况。

防治方法：

①在10千克海水中放头孢2粒或呋喃唑酮4~5片，浸洗病鱼10~15分钟。

②在10千克海水中，放入0.2克高锰酸钾，浸洗病鱼5~10分钟。

◎烂鳃病

症状：病鱼鳃部鳃丝失血腐烂，严重时鳃丝溃烂成洞，鳃软骨外露，病鱼呼吸困难。

防治方法：

①在10千克海水中，加入0.2克呋喃西林，浸洗5~10分钟。

②在9份淡水中兑掺1份海水，浸洗病鱼1~2分钟。

③在10千克海水中，加入0.05克硫酸铜，浸洗病鱼5~10分钟。

3 红丽丽鱼及其饲养

别名: 拉利毛足鲈		**性格:** 温和
原产地及分布: 东南亚地区		
成鱼体长: 4.0~6.0cm		**适宜温度:** 23.0℃~30.0℃
酸碱度: pH 6.0~8.0		**硬度:** 4.0°N~12.0°N
活动水层: 中层		**繁殖方式:** 卵生

丽丽鱼色彩奇妙悦目,特别是繁殖期出现婚姻色时,更是水灵鲜亮、无与伦比,使热带鱼爱好者一见就爱不忍释而成为一种最令人喜爱的热带观赏鱼。

丽丽鱼体呈卵圆形,侧扁。头中等大。口小向上翘。眼大,位于头侧。背鳍长,其起点距吻端小于至尾基的距离,后端尖形。臀鳍几乎与背鳍等长。腹鳍胸位,已演化成丝状角须,与体长接近。胸鳍较小,无色透明。尾鳍呈扇形,末端稍内凹。雄鱼体长6cm,雌鱼5cm。

丽丽鱼经常将头伸出水面吞咽空气,然后又迅速游进水里吐小气泡。这种热带鱼生性善良,但却很胆怯,喜欢生活在水草和石块的间隙和后面,怕强光,经常躲在暗处。所以,水族箱一定要多种些水草或种植大草。

喜欢生活在高温的水域,这种鱼对水质的要求不严格,比较喜爱清澈的老水,对饵料也不苛求,不择食,可喂以干饲料与活饵。丽丽鱼性温和,可以和其他相同的热带鱼混养。

它在水中吸收来的氧量少,大部分是依靠鳃上的辅助呼吸器官——迷器,来更换气体,以便直接从水面上的空气中呼吸氧。所以其可在含氧量少的水域中生活很好,或当此鱼被提离水面时,只要时间不太长,亦能生存。

雄鱼体型较大,体色红、蓝绿二色为主色,橙色衬之。其咽喉和腹部也呈亮蓝绿色。头部为橙色,嵌黑眼珠红眼圈,分外有神。鳃盖上部有边缘不整齐的艳蓝色,从鳃盖末端直到尾柄基部为红蓝相间的横向宽条纹。背鳍、臀鳍、尾鳍都有红色边缘,鳍上还饰有红、蓝色斑点。背鳍末端尖锐。

雌鱼体型娇小，体色没有雄鱼美丽、较黯，常呈银灰色，但也点缀有彩色条纹，各鳍较雄鱼短，颜色也浅，但也有红色的边缘，背鳍末梢则圆钝，性成熟时腹部膨胀。

丽丽鱼的繁殖习性

①亲鱼的挑选和培养。

鱼体长5cm时可选做亲鱼。亲鱼要选体型好、发育健全、色彩鲜艳的个体。将仔细挑选的性成熟的亲鱼按雌雄1∶1的比例分养，并加以精心培育，措施是比原来养鱼箱中的水温高1℃～2℃，再用鲜活饵喂养7～10天，投入繁殖箱。

②繁殖箱的准备。

繁殖箱的规格以40×30×30cm为宜。箱内除要密密地种些水草外，为使丽丽鱼顺利产卵繁殖，还要放入一些浮性水草，以便为鱼儿修建泡巢提供建筑材料。水草茎叶上端必须与放置在水面的浮性水草连接起来，但在繁殖箱的中央和前半部要留下一部分空间，为鱼儿提供活动的场所。繁殖箱最好注入老水，丽丽鱼在老水中生活最感舒畅，繁殖箱的水质标准：pH6.5～7.5，硬度10° N，水温25℃～27℃。

③护卵。

留下雄鱼看护鱼卵，常见雄时时刻刻围绕在孵化巢的周围，用胸鳍在鱼卵附近不停地轻微扇动水流，使鱼卵吸收溶解氧。当个别鱼卵从泡巢里掉下来时，它会立即用嘴将其送回泡巢。如果发现泡巢有破损时，它还会立即将破损处修复好。尽管丽丽鱼有迷器辅助呼吸器官，还是需要用打气机为繁殖箱通气。这样做，除了充氧之外，还有利于水循环使其繁殖更顺利。

④育苗。

受精卵一般约经一天便可孵化出仔鱼，仔鱼体细小，呈黑棕色，故需要细心方能观察到。仔鱼有的头朝上挂在泡巢和水草上，也有的挂在水族箱壁上，还有的腹部朝上躺在水面上。这时，应将雄鱼捞出，以免它把离开泡巢的仔鱼当成鱼卵，用嘴送回泡巢。仔鱼再经3天左右后便能自由游动，并从外界寻觅食物充饥。第1～2个星期提供蛋黄与臂尾轮虫，每天投喂半茶匙的沥干臂尾轮虫一次即可，第二星期以后可开始投喂筛滤过的裸腹蚤或咸水丰

年虫，早晚各喂一次。此外，在小鱼会自由游动时，要将雄鱼隔离开，因为小鱼遇到敌害，雄鱼会吞食自己的后代。若一次孵化化仔鱼过多，可分缸饲养，分缸时切忌用网捞鱼，最好用勺连鱼带水一起舀起，然后放进一缸中，这样可避免伤害幼鱼。幼小的丽丽鱼，在雏育期，尤其当迷器组织尚在生长时，往往因为吞食了水面的冷空气而死亡，因而需要细心地照顾。当小鱼会进食裸腹蚤和咸水丰年虫后，其生长就很快，并且身体

也逐渐壮大起来，死亡率会降低，一般丽丽小鱼出生后的两星期内，死亡率是很高的，应细心护理。

⑤生长。

丽丽鱼的生长较慢，但大多数仔鱼只要给以足够的饲料，一个月体长可达1cm。而且要经常换去约四分之一的水。这种鱼约6个月性成熟，一年可繁殖数次。

丽丽鱼的定型变种有：紫丽丽鱼、红丽丽鱼、灰丽丽鱼、金丽丽鱼等。

丽丽鱼的鱼缸布置

假山：在鱼缸中置一假山，与嬉戏游动的鱼形成动静结合的画面，可大大增强景观的主体感和层次感。假山石料种类很多，有太湖石、砂积石、水晶石、斧劈石、钟乳石等。要尽量挑选石面比较光滑，没有尖锐锋利的尖突，并含石灰质较少的石料，精工制作后才可放入鱼缸。其体积不宜过大，数量也不宜过多，仅作点缀增加立体感、层次感而已。

水草：观赏鱼缸中的水草不仅可烘托活泼多姿的鱼儿，点缀鱼缸画面，而且在阳光下进行光合作用，可提高水中溶氧量，有助于纯化、改善水质。但是，它在夜间呼吸时会与观赏鱼争夺氧气。为此，在观赏鱼缸内也不宜多放水草，只要稀稀地栽植几株，起到点缀美化鱼缸的作用就可以了。

适量鹅卵石：观赏鱼缸底部不宜全部铺设鹅卵石，尤其是黄砂或白云石。因为有的观赏鱼，如金鱼，活动量较大，尤其是大金鱼，游动时会将黄砂翻上来，影响水体的透明度。同时，投喂给金鱼吃的饵料，特别是沉性饵料，很容易沉入石子间隙中，时间久了，容易变质发臭。

另外，如果在缸底全部铺设鹅卵石、白云石或黄砂等，会阻碍过滤泵工作时使水形成对流，影响鱼粪、残饵顺利进入过滤器的吸管，从而降低过滤器纯化水质的功能。因此，美化点缀金鱼缸，也只能在底部零星地放上几颗，多则十几颗鹅卵石就行了。

红剑尾鱼及其饲养

原产地及分布: 北美、中美洲、墨西哥、危地马拉, 后传入
　　　　　　　　非洲、斯里兰卡

成鱼体长: 10.0~12.0cm	**适宜温度:** 21.0℃~28.0℃
酸碱度: pH 7.0~8.0	**硬度:** 12.0° N~18.0° N
性格: 温和　　**活动水层:** 顶层	**繁殖方式:** 卵胎生

　　红剑尾鱼在自然界中的原始体色呈浅蓝绿色, 雄鱼尾鳍下缘延伸出一针状鳍条, 俗称剑尾, 雌鱼无剑尾。通过人工育种, 其体色更加丰富, 有红、白、蓝色等。其代表鱼有红剑、青剑、白剑、黑鳍红剑、黑鳍白剑、鸳鸯剑等。

　　红剑鱼性情温和, 能和其他热带鱼混养, 平时活泼好动, 红剑鱼在受惊吓时、气流大时和还有打架时会跳跃。雄鱼发情时在雌鱼前后穿梭, 拦截雌鱼求爱。

⁂ 剑尾鱼的饲养要求

红剑鱼属卵胎生鱼类。繁殖力强，性成熟早，幼鱼在3~4个月时性成熟，6~7个月后可以繁殖后代。性成熟迟早与水温高低、饲养条件密切相关。

红剑鱼繁殖时要选择一个较大的水族缸，水温保持在24℃~26℃，pH值为8，然后按1雄配1~3雌的比例放入种鱼。待鱼发情后，雌鱼腹部逐渐膨大，雄鱼此时不短追逐雌鱼，雄鱼的交接器插入雌鱼的泄殖孔时排出精子，进行体内受精。当雌鱼胎斑变得大而黑、肛门突出时，可捞入另一水族箱内待产。

雌鱼产仔后，要立即将其捞出，以免吃掉仔鱼。或者要塑料片围成漏斗状隔离墙，浸入水中，将产仔雌鱼放在漏斗中，使仔鱼产出后从漏斗下空洞掉入漏斗外水体，雌鱼就吃不到仔鱼了。

雌红剑鱼4~6周生产一次，受雌鱼大小年龄和配种公鱼的比例影响，每次可产30~300尾仔鱼。繁殖时应注意，同窝留种鱼不要超过两代，以免连续近亲繁殖导致品种退化，使后代鱼体越来越小，背鳍变短变窄。最好引进同品种鱼进行有目的远缘杂交，以防品种退化，达到改良品种的目的。但红剑鱼寿命很短，一般只有2~3年。

5 红十字鱼及其饲养

原产地及分布: 南美洲巴西、巴拉圭

成鱼体长: 5.0~6.0cm   **适宜温度:** 23.0℃~28.0℃

酸碱度: pH 5.5~7.5   **硬度:** 0.0° N~12.0° N

活动水层: 顶层   **繁殖方式:** 卵生

性格: 有攻击性

红十字鱼的鳍呈红色,尾鳍的基部有一红色十字花纹,故得名红十字鱼,是非常好养的一种鱼,也是水族入门者的练手鱼。

该鱼有两个特点:在背鳍与尾鳍之间有一个小脂鳍,口中具有牙齿。可以耐受18℃的低温,喜活动,空间大时会群游。鱼的个性多样,有的凶,有的相对胆小。这种鱼胃口大,必须喂饱,否则将攻击水族箱里的其他小鱼,特别喜欢啃其他鱼的鳍,这家伙还吃水草。所以最好别和文静的鱼养在一起。

对干饵及活饵均喜食,食量大,应增大投喂量。

繁殖:雌鱼个体大,腹部隆起。雄鱼相对细小。性成熟的亲鱼应分缸饲养,因性成熟期的雌鱼

性情凶暴,常攻击并咬伤雄鱼。待交配时再将双亲放在一起产卵结束后,将雌雄鱼继续分缸饲养。在水族箱中繁殖,水温保持在23℃~28℃,pH6.0~6.8,硬度2° N~6° N。产黏性卵,水中须多种植水草。光线保持柔和,受精卵在强光照射下死亡率很高。雌鱼每次产卵800~1000粒,受精卵经24小时孵化为仔鱼。产卵后,应将亲鱼移出繁殖箱,它们

有吞食受精卵的恶习，经过20~30小时的胚胎发育，仔鱼破膜而出，再经过3~5天的发育，仔鱼即能平游，开始向外界摄食，最好的开口饵料为轮虫。用60目筛绢搓滤后的煮透的蛋黄也可投喂，每次量不宜太多以免败坏水质。随着幼鱼的长大，应逐渐提高水的硬度。

 红尾黑鲨鱼及其饲养

别名：黑鳘鱼、红尾鲨、红尾鲛、火尾鱼	
原产地及分布: 泰国	**性格**: 温和
成鱼体长: 10.0~12.0cm	**适宜温度**: 22.0℃~27.0℃
酸碱度: pH 6.2~7.5	**硬度**: 2.0° N~18.0° N
活动水层: 底层	**繁殖方式**: 卵生

　　红尾黑鲨在热带鱼中算是中型偏大的品种，它体长可达14cm，身体呈纺锤形，尾鳍叉形，全身为黑墨色，尾鳍呈金红色。红与黑置于一体，色彩分明，别具一格。

　　当红尾黑鲨鱼为幼鱼时，身体各鳍呈黑色，长到8cm左右，尾鳍变为金黄色，长到10cm时（即达到性成熟），尾鳍才会变成鲜红色。水温过低时尾鳍的颜色便会变为橙黄色甚至会变成纯黑色。饲养缸可以铺上黯色的砂石，这样红尾黑鲨鱼的尾鳍会变得更红，缸中应多种水草，这种鱼的胆子小，在缸中放入两个花盆供它们藏匿之用，不要放在光线太强的地方。

　　红尾黑鲨鱼爱在水的下层游动，但是常常可以看到它们在水中上下游动，追逐嬉戏。它对水质要求不严格，可以和体形较大的热带鱼混养。

　　红尾黑鲨也是一种很好养的品种，对水质要求甚低，喜欢老水，所以不宜多换新水，适宜水温为22℃~26℃。

　　红尾黑鲨鱼食性杂，是著名的"清扫工"，鱼缸中的青苔、残饵及藻类均可摄食，经常吸吮鱼缸

上的青苔，但它仍以活食为最爱，爱吃动物性饵料，任何活饵均可，但要增加植物性饲料，所以红线虫之类可多喂一些。经常喂给一些切碎并焯过的菠菜，会使其身上的颜色更加明丽。

　　它属于偏大型底层鱼类，所以养鱼缸须宽大略高，并植阔叶水草。

7 电光美人鱼及其饲养

别名：澳洲小彩虹	**原产地及分布**：澳洲	
成鱼体长：10.0~11.0cm	**适宜温度**：24.0℃~30.0℃	
酸碱度：pH 7.0~8.0	**硬度**：8.0° N~18.0° N	
性格：温和	**活动水层**：中层	**繁殖方式**：卵生

　　电光美人鱼呈纺锤形。背鳍分为前后两个，背鳍、臀鳍上下对称，鳍条低矮等宽似带状。体色淡黄绿色，体侧有数条点状粉红色纵线。鳃盖上有一个红色圆斑，背鳍、臀鳍鲜红色，尾鳍淡红色。鱼体周边镶着红边，在光线照射下犹如一个泛着红光的蓝色幽灵，非常美丽。

　　电光美人鱼可以接受的水温从22℃到26℃，如果低于22℃比较容易发生一些状况，例如食欲不振、精神萎靡，也容易感染水霉等疾病，所以应视个人情况决定是否使用加温器。

　　由于夏天室温常常高于30℃以上，加上天气热，饲主通常会较懒得换水，因此，水中饲料残存及排泄物会使亚硝酸等浓度快速提高，达到威胁电光美人生存的地步。而且高温伴随而来的是电光美人的代谢速率过快，造成体内钙质的大量流失，因此大型的雌鱼很容易出现脊椎弯曲的情形，弯曲越大，越容易压迫内脏威胁电光美人的生存。要解决这个问题釜底抽薪的方法就是降低温度，降低温度的手法有很多，最简单的方法就是在家里开冷气，缺点就是要负担较多的电费，另一种方法较为经济，但是比较辛苦，就是常换水，如果可以每天换水，多少可以降低几度，而且更可以让电光美人成长快速、鱼体健康，可以说是一举数得。

最适合电光美人的pH值是在6.5～7.5之间，水中的酸碱值对电光美人的影响相当大，pH为5的水，对电光美人而言，就是致命的。

另外要注意的是，如果饲养者换水次数少，久而久之，水质早已因为各种因素转变为酸性，此时如果突然大量换水，势必会对电光美人造成相当大的冲击。

灯光对于电光美人的成长有其必要性，在有光线的情况下，会增加抢食的速度，减少残饵过多污染水质的机会，电光美人的色泽也会比较亮丽。而且在光线充足的情况下，也比较方便观察电光美人是否感染疾病、大约何时要准备接生小鱼等每日例行的工作。

对于一些鱼的玩家而言，平常管理的鱼缸数量何其庞大，怎可能给予每个鱼缸都安装灯具，而且电费长期下来也是一笔不小的开销，所以大部分对于灯光也不会太过讲究，能完成一些日常护理即可，刚开始饲养鱼的朋友们倒不必为了灯具而花费过多的开销。

🐾 喂食方法

从电光美人诞生开始，爱鱼的朋友就必须要忙着准备各式各样的食物，小电光美人出生后很快就可以游泳、觅食，如果发现雌电光美人即将临盆，就可以开始准备孵化丰年虾，等到小鱼出生后不久，就会有一顿丰盛的第一餐，不过记得喂食的量要注意，如果过多的饲料吃不完，会污染水质，造成反效果。如果手边没有丰年虾卵或是没有孵化的经验，也可以拿平常喂成鱼的薄片饲料，将薄片饲料磨成碎屑，小鱼也可以吃得下去，要注意的就是投喂的饵料分量不宜过多，避免小鱼吃不完而污染水质。还有一种就是用煮熟的蛋黄，拿网子包住，在水中轻微晃动，数量不需太多，因为太过营养，所以残饵的污染将更为恐怖，如有需要应该在喂食完毕后，立刻准备换水。

🐾 电光美人的繁殖

繁殖方式：营造一种硬度稍高的水质。在水体中放少许海水晶。海水晶能增大硬度值，海水晶中有钙镁离子，当然可以增加硬度值了。气水域中水体翻腾，含氧量很高，因此采用潜水泵冲击造成强劲的水流，然后在水体中放一块沉木，沉木上绑有茂盛的铁皇冠，铁皇冠根部则长有茂盛的草丝，放于缸中一角。雌鱼生殖孔位于肛门后，比较显眼。轻压腹部，可见卵粒者即用于繁殖。雄鱼生殖孔也位于肛门后，但非常细小，轻易不可见。轻压腹部，不易见精液。亲鱼入缸后，就不用做别的事情。待三天后轻托沉木。在水中检查铁皇冠根部。往往能够发现鱼卵。鱼卵坚硬有弹性，不易压破。卵有粘丝。但是不知道是粘丝本身有黏性还是粘丝上有钩。粘丝黏性极强。鱼卵三五十颗集中一起，但不成堆，而是零星分散于同一区域，亲鱼不食鱼卵。卵受精后两三天即可见到清晰的小鱼轮廓，但是孵化期需要一个星期。鱼卵及出膜小鱼比鲤科鱼要大，比慈鲷科要小。刚出膜小鱼喂蛋黄，三天后可以喂小水蚤。鱼卵在见到眼点后，改潜水泵为水妖精，防止刚出膜小鱼被吸进泵体。亲鱼为多次少量繁殖类型，每次产卵数量均不多，但是休息两三天后又可以繁殖。

出膜小鱼相对于石美人来说显得偏黄一点。

雌雄分辨：电光美人雄鱼相对来说稍大，各鳍边缘是红色的，而雌鱼则是橙色的。尾、背、腹愈红代表公鱼，呈橘或黄色表雌鱼（尤其是尾部更明显）。雄鱼的背鳍和臀鳍的末端是尖的，雌鱼的背鳍和臀鳍的末端是圆的。另外雄鱼的颜色比雌鱼还鲜艳且雄鱼体型会比雌鱼大。

繁殖特点：繁殖水温27℃～28℃，雌鱼每次产卵200～300粒，需延续一周才能产卵完毕。

8 石美人鱼及其饲养

别名：半身黄彩虹鱼、伯氏彩虹鱼

原产地及分布：澳洲	**性格**：温和
成鱼体长：13.0～15.0cm	**适宜温度**：22.0℃～25.0℃
酸碱度：pH 7.0～8.0	**硬度**：8.0° N～18.0° N
活动水层：中层	**繁殖方式**：卵生

　　石美人鱼是以"像是栩栩如生的彩虹、没有其他鱼类能与它美丽的外表相比拟"等字眼来形容的让人惊艳的鱼类，也因此，"彩虹鱼"之名不胫而走。由于这群原产于大洋洲的鱼类，拥有特殊的体形与鳍形，具备艳丽多样的体色，饲养时却又不如其外表看起来那么娇弱难伺候，使其在观赏水族市场中占有一席之地长达数十年。而国内具有世界级水准的热带鱼人工繁养殖技术，也早将触角伸向这群美丽、易饲养且深受市场欢迎的鱼类。

　　石美人外观上最让人印象深刻的当属其前后两段式不同的体色表现，而这种表现会随着鱼只的成熟度增加而更为明显。其头部与身体的前半部体色以蓝灰色至橄榄绿为主，搭配鳞片上闪烁的深蓝色金属光泽；身体的后半部与后背鳍、臀鳍与尾鳍的颜色则为鲜艳的橘红或橘黄色，偶尔转身时的角度又闪耀着略带黄绿色的金属光泽；而在这两个区域的交会处，若隐若现地会出现一至三条深色M纹。随着鱼只的成熟度，头部与身体前半部的颜色会转变成带有蓝色的深灰色，后半部会变成更为饱和的鲜橘红色。

石美人的饲养十分容易。对于环境的适应力、对各种生饵与人工饲料的接受度、对疾病的耐受力都很强，使得饲养十分容易上手。彩虹鱼天生的活泼好动个性，不仅有敏捷的速度，活动量大，因此饲养这类中型彩虹鱼时的空间避免过小。一般来说，65cm以上的水族箱始能提供其嬉戏追逐与顺利成长的空间。不过，也因为彩虹鱼好动且动作敏捷的特性，不适合与游泳能力较差或是动作较慢、个性较为害羞、易受惊吓的其他鱼种混养。而属于中上层水域活动的彩虹鱼最佳的混养伙伴还是彩虹鱼，顶多再加上其他特性相仿、体型大小也相似的鱼种。

基本上，石美人的雄雌鱼体色均相似，两者在外观上的差异主要还是在于一些细微的重点。其中，雄鱼有较高的体高且背鳍末稍有延伸，体色相对地较为亮眼；雌鱼体高则较低，背鳍末端没有延伸而使得鳍形较为圆润。繁殖时，雌鱼一次可产下100至200颗的卵。黏附在水生植物的鱼卵，在水温24℃~28℃左右约6~7天即可孵化。

9 燕子美人鱼及其饲养

别名: 丝鳍彩虹鱼、新几内亚彩虹鱼

原产地及分布: 南美洲亚马孙河流域

性格: 温和

成鱼体长: 4.0~5.0cm

适宜温度: 26.0℃~30.0℃

酸碱度: pH 6.0~8.0

硬度: 5.0°N~12.0°N

活动水层: 顶层

繁殖方式: 卵生

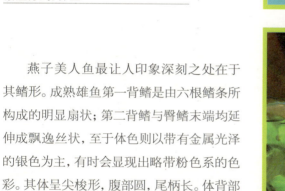

　　燕子美人鱼最让人印象深刻之处在于其鳍形。成熟雄鱼第一背鳍是由六根鳍条所构成的明显扇状;第二背鳍与臀鳍末端均延伸成飘逸丝状,至于体色则以带有金属光泽的银色为主,有时会显现出略带粉色系的色彩。其体呈尖梭形,腹部圆,尾柄长。体背部青色,腹部金黄色,体侧中央从眼睛到尾柄方向有一条金黄色带。背鳍挺拔修长,鳍条末梢尖长,向后延伸过尾鳍。腹鳍变异为两根长长的尖鳍,形似燕子。

　　无论是在室内或室外,燕子美人均有繁殖成功的纪录。根据国内外同行的经验,燕子美人的繁殖有几个小诀窍。其中最重要的是提供浓密的墨丝团给种鱼当作产卵的介质。小鱼约在数天之后孵化,初孵的仔鱼非常细小,小到需要用绿水和尺寸小的微生物来进行喂食,饵料以水蚤为主。这一点是燕子美人仔鱼饲育失败的主要原因,有兴趣进行繁殖的朋友务必要注意。

10 红尾皇冠鱼及其饲养

原产地及分布: 南美洲

成鱼体长: 15.0~20.0cm	**适宜温度**: 20.0℃~24.0℃
酸碱度: pH 6.5~7.5	**硬度**: 4.0° N~15.0° N
活动水层: 中层	**繁殖方式**: 卵生
性格: 有攻击性	

　　红尾皇冠鱼1999年从南美输入我国香港，不久传至广州、天津、北京等地。2000年在我国成功繁殖，2002年冬季，在北京的全国观赏鱼会展中，北京昌平热带鱼养殖场养殖的红尾皇冠鱼，以其特有的丽姿，获得中型鱼组第一名。从此，红尾皇冠鱼由市场的"冷面孔"，逐渐成为鱼友们的"热情侣"。红尾皇冠鱼呈棒槌形，全身披金属蓝，头部额头较高呈黯红色，两鳃盖在黯红色的底色上镶着几道蓝绿色弧线，背鳍边缘镶着橘红色边，胸鳍、臀鳍的金属蓝中镶嵌着乳白色亮点。网状的黑磷块整齐粘贴在金属蓝的身体上，突出的红尾巴与整体的金属蓝形成强烈的对比，在光照下显得异常鲜艳和雄壮，堪与热带鱼之王七彩神仙媲美。

　　红尾皇冠鱼的幼鱼，两三月龄时极像蓝宝石幼鱼，但仔细辨认，红尾皇冠幼鱼呈现黑灰色，尾巴和背鳍边缘上有淡淡红边，蓝宝石幼鱼则呈浅灰色。

　　红尾皇冠鱼体长可达13~25cm。环境转换时，由暗光环境转入亮光环境，容易蹦跳；反之，则较平稳。

　　红尾皇冠鱼属底层鱼类，有较强的地域习性。平时习惯在小桥、假山等处聚集嬉戏。同种雄性之间有争斗现象，异种混养时以配养大型鱼为好。混养时游在其他鱼中间，与其他鱼能和平相处，性格相对也温和。

　　红尾皇冠鱼是一种大型慈鲷，水族箱至少需要90cm×

40cm×40cm的体积。对水质要求不严，在弱酸性至弱碱性软硬水中都能正常生长发育。

红尾皇冠鱼属肉食性鱼类，喜食小鱼、小虾、面包虫等，也可投喂自制的动物性饵料。若要保持鱼体色泽艳丽，一是要保证光照充足，每天强光照射不得少于8小时；二是要投放绿藻类饵料，适当增加虾类和胡萝卜素，每天早晚各喂一次。

红尾皇冠鱼易饲养，体质强健，但个别鱼易被装饰物划破表皮，平时饲养时最好定期撒点食盐，以防鱼体患水霉病。

 花老虎鱼及其饲养

别名: 花豹石头鱼、美洲虎慈鲷、淡水花鲈		
原产地及分布: 哥斯达黎加、洪都拉斯、马那瓜和尼加拉瓜的河流湖泊中		
成鱼体长: 35.0~55.0cm	**适宜温度:** 25.0℃~30.0℃	
酸碱度: pH 7.0~8.7	**硬度:** 10.0° N~15.0° N	
性格: 温和	**活动水层:** 中层	**繁殖方式:** 卵生

花老虎鱼在原产地是一种受人欢迎的食用鱼。它们是强壮的杀手级的鱼类，体型巨大，有强大的杀伤力，身体上的斑纹与其说是像老虎，还不如说是像豹子。花老虎鱼的领地观念很强，性情粗暴，加上它们巨大的体型，最好不要同种鱼混养，它们通常不喜欢别的鱼打扰它们的清修。

饲养水质：没特别的要求，只要是水就可以存活。

雌雄辨别：不太容易。只能通过背臀鳍的长度差别对比才能够勉强分辨出来。它们的繁殖和地图鱼有些相似。在光滑的石块上进行开放型繁殖，需要较大的繁殖水域。所以一般家庭水族箱养殖条件，很难繁殖成功。

花老虎是肉食鱼，鱼肉是最好的饲料。但最好不要投喂市场买来的肉类，因为很容易感染寄生虫，鱼粮、磷虾和蚯蚓都可以作为食物。

和许多其他丽鱼科鱼类一样，大约在7cm左右性成熟，雌鱼每次将大概500个卵产在光滑平面上，如石板。雌鱼产卵，雄鱼进行受精，然后在旁边守护。此时平时温顺的花老虎会表现出强烈的攻击性。幼鱼3～5天后孵化成型，以卵黄为食，5～8天后可自由游动。

花老虎体色美丽，全身金黄色并镶嵌黑斑。雄性往往达到40cm，而雌鱼只有约25～30cm左右。由于此鱼好斗，最好单独饲养或与其他大型丽鱼混养，但水体空间要充足。

花老虎的雌雄较难分辨，特别是未成熟时雄鱼和雌鱼都有黑斑。但雄鱼快成熟时黑斑会变淡甚至消失，此外雄鱼成鱼体型较大。

12 罗汉鱼及其饲养

别名: 花罗汉、彩鲷	**原产地及分布**: 马来西亚
成鱼体长: 14.0cm	**性格**: 温和
适宜温度: 26.0℃～28.0℃	**酸碱度**: pH 6.8～7.0
活动水层: 中层	**繁殖方式**: 卵生

罗汉鱼中文名称为彩鲷，意即多姿多彩慈鲷，又名花罗汉。罗汉鱼并非野生品种，而是杂交而来的。1996年由马来西亚的水族业者经过不断地杂交培育出来的，主要被东南亚地区当作风水鱼。现今流行的罗汉鱼，其体高与体长的比例更加接近于1:1～1:1.5的最佳比例，身上的珠点、墨斑纹

和颜色更加漂亮，额珠以水头居多且更加饱满，更具灵性，与人的互动性也更强。

第一代青金虎雄鱼，头部微隆，体型线条宽阔流畅。改良后的罗汉虽然保留着"青金虎"的特点，但各方面已经大为改善，尤其是头型更具欣赏性。经过进一步改良后，罗汉已经拥有更宽阔的体型，色彩和花纹的表现度更佳，额珠高耸饱满，非常惹人喜爱。

罗汉鱼究竟有什么独特之处呢？若细看一尾罗汉鱼，你就会不自觉被它人性化的形态所掳获。红润的面颊，高耸的额头象征多福高寿，两侧形态各异的"墨斑鳞"在风水学上更有催财的妙用。

一般体色较深，花斑仅1～2个，身体较长者只能列为C级（三级）；以身体中间为界，后部花斑排列不超过中间，但体表较为光亮，鳞片上有一些闪光星点分布者可列为B级（二级）；花斑排列延伸过中间接近头部，鳃

后靠下体表呈红色趋势，体表闪光星点分布广泛，斑纹清晰者应列为A级（一级）；有更奇特的特征，如文字斑、奇特花色、星点特色、艳丽特色等，均有列为特级的资格。

罗汉成长迅速，需要较多的食物，一天基本需要喂食二至五次，每次分量掌握在五分钟内让鱼吃完，尽量避免剩下食物残渣，以免影响水质。切记"少食多餐"，避免出现肠胃炎。罗汉对食物不挑剔，活饵（蚯蚓、小鱼等）、冻饵（冻虾、冻虫等）、饲料（条状、粒状），它们都乐于接受。一般家庭饲养建议喂食以冻血虫为主，冻虾、扬色饲料为辅，即可达到较理想效果，而且十分便宜。

罗汉除了威武雄壮的王者气势，艳丽夺目的动人色彩，具人性化的可爱外形以外，最令广大爱好者沉醉其中难以自拔的一点，就是它们与饲主之间的情结。

罗汉对其他鱼类十分凶猛，对人却极有灵性。只要主人来到鱼缸跟前，罗汉便会亲昵地游上前来，与饲主嬉戏玩耍。或回游，或翻转，或躺于饲主手中，享受饲主的爱抚，就如猫狗一样驯服、可爱。但若陌生人也想此般亲近罗汉，与之玩耍，必会受到它毫不留情的攻击，轻则留下口印，重则流血不止。如此有灵有性的罗汉，难怪不少家庭把它当作宠物一般。

罗汉鱼的饲养与喂食

罗汉鱼的饵料分天然鱼饵和人工合成的饲料两种。

①天然鱼饵。

天然鱼饵分活的和死的两种。一般鱼儿对吃活饵比较上劲。活饵可以增加鱼儿的捕猎性及活跃性，害处是活饵身体上布满了不知多少的寄生虫和细菌。这会直接影响鱼缸的寄生虫和细菌数量平衡，很有可能会感染到鱼，且在捕猎活饵的过程中鱼儿可能会撞伤。如果需要活饵的喂食，最好先把活饵隔离除虫、除菌后才去喂鱼，而且在放入水里时将其捏昏，使鱼比较容易吃到，减少鱼儿的撞伤。冰冻的天然鱼饵（冰血虫）或是干的天然鱼饵（干虾）因为身上的寄生虫和细菌相对比较少，所以可以配合来喂食。

②人工饲料。

人工饲料分低温干饲料和高温干饲料。60℃以下干饲料能保存营养和维生素的含量高一些，而高温的干饲料在60℃以上，相对营养及维生素的含量低一些。低温干饲料比较清凉，而相反高温干饲料比较容易使鱼儿上火。相对来讲低温干饲料价格就会贵一些。外国对鱼粮发展已经很长时间，而且现在鱼粮竞争越来越厉害，所以鱼粮的营养价值已经越来越高，而且越平衡，所以人工鱼粮在往后的饲养发展上占了很重要的位置。在不同秘方的调配下，鱼粮会根据鱼儿的生长阶段配合它所需的不同营养做出调配而达到最理想的养殖的乐趣。天然和人工的鱼饵都有不同的好处，总的来讲，如果每天让它吃2~3餐的话。头一餐和第二餐最好吃鱼饵，第三餐给它吃天然饲料，让它吸收均衡营养。

罗汉鱼喂食注意事项

①尽量避免以活小鱼饲喂大型肉食鱼类，选择人工饲料或冰冻饵料。这样可以减少带菌进缸的危险。

②血虫要清洗干净，然后放入冰柜冷藏后才能放入缸内饲喂，这样可以避免外来病原对鱼的侵害；如果一定要喂活小鱼，也一定要在投入鱼缸前用盐水消毒15分钟，而且要以鱼儿食量为定，千万不要投进过多而积存在鱼缸内，因为鱼儿长期面对这些活饵，会慢慢降低它们的猎食兴趣。

③晚上喂食应在亮灯后30分钟（使其适应）至关灯前30分钟进行（使其消化）。

④人工饲料应保持干燥，更不应以湿手直接接触拿，以免饲料受潮，营养成分损失。

⑤尽量选择质量好，营养全面的饲料。

⑥以1日3餐为好，最好每餐都能投喂不同饵料种类，以提高鱼儿的摄食兴趣。

⑦每餐的量不宜多，七成饱为好，肚皮微胀即可；时间上以3～5分钟内吃完为标准。

喂鱼的过程也是欣赏鱼儿的又一乐趣。罗汉鱼成长较快，需要较多的食物。"少食多餐"是原则，每天2至5次喂食，每次投喂的分量掌握在鱼儿于5分钟内吃完，以免吃剩而留下残渣，防止肠胃炎的发生。食物以冻血虫为主，冻虾、扬色饵料为辅，即可达理想效果。

13 德州豹鱼及其饲养

别名： 蓝点丽鱼、德州丽鱼、金钱豹

原产地及分布： 北美、墨西哥	**科名：** 丽鱼科
成鱼体长： 16.0～19.0cm	**适宜温度：** 23.0℃～26.0℃
酸碱度： pH 7.0～8.7	**硬度：** 8.0° N～19.0° N
活动水层： 中层	**繁殖方式：** 卵生

性情： 凶暴，不可与其他品种鱼混养

德州豹鱼又名德克萨斯鱼，体幅宽阔，背部稍高，头型大，眼上位。背鳍基很长，臀鳍稍短，背鳍、臀鳍末端均尖形，长达尾鳍，尾柄短，尾鳍截形。体色基调灰色，布满灰白点，青色小点和斑纹。成鱼后半身深灰色上具立体感珠点。属肉食性凶猛鱼类，不宜与小型鱼混养。

体格强壮，一般水质中都能生长，最适水温22℃～26℃。食量不大。

德州豹体魄强健，在20℃以上水温的任何水质中都可生长良好。不择食，喜动物性饵料，成鱼亦吞食小鱼，不可与小型观赏鱼类合养。生长繁殖亦非常良好。该鱼体长20～30cm，披一身石青色带蓝斑点甲冑，成鱼后半身呈灰黑色。头大而沉重，更呈现出凶猛彪悍。该鱼珍珠似的斑点，五彩

缤纷，能引起许多青年鱼迷的喜爱。德州豹雌雄辨别较难。雄鱼背鳍长，尖端可达尾部，头隆起且阔厚；雌鱼则背鳍相对要短一些，头的上端平圆。

德州豹的繁殖不难。应先备一个长40cm以上的水族箱，注入新水和干净老水，并将水温调至26℃，但pH应稳定在6.5~7左右。选一紫砂花盆，侧放在水中，德州豹在盆内排卵受精，雄鱼担起守护卵子的任务。这时如果有比该鱼大的凶猛鱼游近，雄鱼亦不顾生命危险而主动出击。卵子于36小时孵化，喜食洄水，3天后即可长成仔鱼。

》》 德州豹的饲养

德州豹鱼对中性到弱酸性水质都可适应，硬度为10° N，是一种适应力很强的鱼种。饲养水温22℃~26℃，对水质要求不严。属肉食性鱼类，喜吃红虫、水蚯蚓、面包虫、小鱼和小虾等活食。亲鱼性成熟年龄为12个月。雄鱼体较大，头部有独特的"脂肪隆起"，背鳍、臀鳍末梢尖长，体色鲜艳；雌鱼体色较淡，腹部隆起，头部无"脂肪隆起"。性格也暴躁，易怒，有领地观念，而且会捕食小型的鱼类。所以这种鱼是不能混养的，就是同种也不能一起养到小的水族箱里。

14 绿德州豹鱼及其饲养

原产地及分布: 北美、墨西哥	
成鱼体长: 16.0~19.0cm	适宜温度: 23.0℃~26.0℃
酸碱度: pH 7.0~8.0	硬度: 8.0~19.0° N
活动水层: 中层	繁殖方式: 卵生

市场上有一特殊品种叫"绿巨人"，属于绿德州豹。其他参见"德州豹"。

15 地图鱼及其饲养

别名: 眼斑星丽鱼、猪仔鱼、尾星鱼

原产地及分布: 亚马逊河流域 　**性格**: 凶猛

成鱼体长: 30.0~40.0cm 　**适宜温度**: 24.0℃~30.0℃

酸碱度: pH 6.5~7.5 　**硬度**: 4.0° N~18.0° N

活动水层: 中层 　**繁殖方式**: 卵生

地图鱼黑色椭圆形的身体上布满了不规则的红色、橙黄色的斑纹,就像是一幅地图,因此得名。又因为它的尾部末端有一个被金色包围的黑色斑点,如星星般闪亮,又被称为"星丽鱼"。还有人称它为"花猪鱼",是因为它们进食的贪婪和平时"好吃懒动"的生活习性。

鱼体呈椭圆形,头大,嘴大。按体色有红花地图和白地图之分。红花地图体色主基调黑褐色,体表有不规则的橙黄色斑块和红色条纹,尾柄有橙经色边缘的圆斑点;白地图体色主基调淡黄色,体表在醒目的红色斑块和条纹。性情凶猛,有时会自相残杀,或者吃掉自己的小鱼,但是它如果跟其他种类的鱼待久了以后,它还会保护它,一般情况下只能单独饲养。

亲鱼性成熟年龄为10~20个月,一般可自选配偶。雄鱼身体不及雌鱼肥大,头略高,体表色纹鲜艳,鳃盖处的黄斑色泽明亮,尾星色斑亮丽,背鳍、臀鳍端尖长;雌鱼体色稍淡,腹部膨大,体幅较宽。

地图鱼体型较大,行动迟缓,食量惊人,非常贪吃,它们几乎吞食任何可以接受的饵料,但是最喜欢的食物还是鲜活的小鱼、小虾。在进食的时侯,甚至嘴里含着一条还未吞咽下去的小鱼就去追逐捕食另外的,它们的贪婪由此可见。所以,千万不可将它们和体型较小的其他鱼类一起混合饲养,

以免成为它们的点心! 在吃饱喝足以后, 它们有时会侧着身子平躺在水族箱的底部, 这时, 可不要以为它们有什么不适, 它们只是开始偷懒稍作休息而已。

地图鱼的生命是热带鱼中较长的, 据有关资料介绍, 已经有地图鱼在水族箱中存活13年的记录。同时, 它们也是热带鱼中最有感情的鱼, 它们甚至可以认出长期饲养它们的主人。当陌生的人在观赏它们时, 它们会若无其事地做自己的事, 而当它们的主人一旦靠近水族箱, 它们即刻会游靠过来, 转动它们的大眼睛, 摇着尾巴表示欢迎……它们也会接受主人的抚摸而没用丝毫惊异的状况, 训练有素的地图鱼甚至会从水族箱中跃到水面接受主人手中的饵料, 总之, 地图鱼是一种非常有趣的观赏鱼。

地图鱼的饲养非常容易, 身强体壮的它们几乎适应任何水质环境, 只要将水温控制在20℃左右, 并提供充足的食物, 它们就会生活得非常好, 并不需要特殊的照顾。唯一需要注意的是, 它们真的和猪一样, 会吃会睡, 也会排泄大量粪便。所以, 如果没有一套很好的过滤系统, 最好在饲养它们的水族箱中铺设一层2cm以上的底砂, 给硝化细菌提供足够着床来维持水族箱的生态平衡, 以防止过多的粪便沉积, 导致水质骤然恶化。

经过12~18个月, 地图鱼进入性成熟期。雌雄鉴别特征是: 雄鱼头部厚而发达, 背鳍、臀鳍尖而长, 身体上的斑纹色彩较雌鱼艳丽而多; 雌鱼总体较雄鱼粗壮。

地图鱼的繁殖也比较简单, 经过自然配对后, 它们会寻找一处光滑的表面, 轮番啃食干净后开始产卵, 数量根据种鱼的大小从800~2000不等。产卵后, 它们会和其他的慈鲷科鱼一样细心照料着鱼卵直到经过36~48小时后孵化, 仔鱼在孵化后的前4~5天里靠吸收自身的卵黄素生长发育, 随后就会自行摄食。

经过人工改良, 地图鱼已经有了许多同类, 体色、形态更变得多姿多彩。新近出现在水族市场上热销中的是一款长尾型的红眼白化种地图鱼, 称为"彗星碧玉猪"。

地图鱼因为生长速度很快, 而且味道鲜美, 所以, 一些地方甚至将它们作为高档食用鱼在餐厅里出售, 供食客品尝食用。无疑, 这是它们的悲哀!

🌿 地图鱼的常见病及其治疗方法

①白点病。地图鱼的白点病是由原生动物所引起，病原体名为白点虫，它会深入皮肤的细胞，进行无性繁殖，形成白色的小点状胞囊。患有此病的鱼全身满布白点，每个白点胞囊内含有许多幼小白点虫，白点虫吸取鱼体组织的营养而长大并增加数目，后来破囊而出，游到水中，再返回鱼体上侵袭皮肤，形成更多的小白点。白点病的症状在患病初期，病鱼会用身体摩擦硬物，希望借此清除身上讨厌的病原体。病鱼体表、鳍条和鳃上可见许多小白点。病鱼消瘦，浮于水面或群集一角，很少活动。后期体表如同覆盖一层白色薄膜，黏液增多，体色黯淡无光。白点病的发生环境有明显的季节性，水温15℃~20℃最适于白点虫繁殖。白点病的治疗方法：

A.可利用白点虫不耐高温的方法，提高水温到30℃，促使产生在鱼体表面的孢子快速成熟，加速其生长速度，使它们自鱼体表面脱落。

B.用硝酸亚汞、孔雀石绿治疗。（注：一些书籍上常提到这两种药物，但这两种药物却是剧毒品，会对人体产生巨大伤害，极易致癌。故不推荐使用，在此提到也是提醒大家在其他病害的治疗上也应避免使用！）

C.红药水治疗。这种方法的关键在于不要加多，水色呈微红即可，宁少勿多！浸泡5~10分钟，每天1~2次。

以上这些资料希望对大家能有所帮助，如有不确切或遗漏的地方也请鱼友指正补足。

②小瓜虫病。病原体——小瓜虫，小瓜虫病是观赏鱼常见病、多发病，若治疗不及时，死亡率高达90%以上。因此，要做到及时发现，及时治疗。小瓜虫一般有为营养体和胞囊两个时期。在营养体时期，幼虫钻进宿主皮肤或鳃瓣等处后，汲取宿主营养生长，形成白色脓疱，即肉眼见到的小白点。小瓜虫的生殖方法有两种：一种是在宿主组织内虫体可进行分裂生殖，另一种是主要生殖方式，即成虫离开鱼体，在水中游泳一段时间后，停下来在原点转动，不久沉没在水底或其他固体物上。刚孵化出来的幼虫24小时内感染率较高，水温在15℃~20℃感染率最大。小瓜虫病流行情况全国各地均有发生，危害较大，不论鱼的种类，从鱼苗到成鱼，均可发病，尤其在面积较小的水体或高密度养殖时更易发生；流行期长，水温15℃~25℃，早春、晚秋和冬季都可发生，更严重危害着鱼的安全。当水温降至10℃以下或上升至28℃以上，虫体发育停止时，才不会发生小瓜虫病。

16 火口鱼及其饲养

别名：丽体鱼、红胸花鲈、米氏真丽鱼、焰口丽鱼

原产地及分布：中美洲

性格：温和	**适宜温度**：24.0℃~28.0℃
酸碱度：pH 6.6~8.5	**硬度**：4.0° N~30.0° N
活动水层：底层	**繁殖方式**：卵生

　　火口鱼的基色调为灰色或灰褐色，体侧有6~7条黑色粗条纹，鳃盖前部和口部为鲜红色，故有火口鱼之称。鳃盖后部下方有带绿色边缘的黑斑，其周围是蓝色和其他颜色组成的斑点、条纹，在阳光照耀下闪闪发光。眼睛黑色，眼眶绿色而发光。各鳍呈棕红色，边缘色深，并布满闪光的蓝色条纹。

　　火口鱼体型是头大身小，上半身为青色，下半身从下颌到腹部为火红色，成年鱼更鲜艳夺目。体态键壮，背鳍有迷人的光彩，是一种凶猛的鱼，一般用裸缸养。喜动物性饵料，可生活在任何水质，水温在20℃以上，岩石是理想的栖息地。

　　体长侧扁，体呈纺锤形、尾鳍扇形，后边缘平直不开叉，背鳍、臀鳍均较宽大、延长，末端呈尖

180

形。鱼体呈纺锤形，后边缘平直，体长可达12~18cm，头大，体稍高略扁，肥壮强健。最大特色是张开大嘴，一口血红色，故名火口鱼。火口鱼身体强壮，食量大容易饲养，爱吃动物性活饵料。对水质要求不严格，喜欢中性水。雌雄鱼的外表相似，鉴别比较困难。

火口鱼属卵生鱼类，10月龄进入性成熟期。发情时，雄鱼咽喉和腹部的色彩变得更浓艳。性情虽很温和，但有时会在沙砾堆掘坑，把水草连根拔起。

✺ 火口鱼的类似品种

◎紫红火口鱼

原产于中美洲危地马拉，体长20到25cm，喜好弱酸至中性水质，较喜欢干净的软水。性情凶悍，色彩变化大，有些鱼色彩艳丽，但养得不好则毫无特色可言。强健好养，饵饲料不拘。繁殖亦不难，成鱼前额突出，发情时异常凶猛，配对时必须特别小心，否则其伴侣常被攻击致死。由于它是繁殖血鹦鹉的亲鱼之一，因此目前市面不多见，但在渔场中却是炙手可热的鱼种。

◎胭脂火口鱼

属于大型的南美慈鲷，看到胭脂火口鱼面颊下缘鲜红的色泽，就可以明白如此称呼是最恰当不过的了。它喜欢静静地停留在某一角落，守卫着属于自己的地盘。在繁殖季节到来时显得异常的暴躁凶猛，常打得别的鱼遍体鳞伤甚至死亡，但由于它的遗传因子极强而固定，所以成为从事育种玩家收藏的鱼种。

◎珍珠火口鱼

产于南美河川的中型慈鲷，线条较为浑厚而常给人一种易于亲近的感觉，在成熟的雄鱼身上会散发着如黄金般的光泽，同时会出现如珍珠般绚丽的花纹，在争斗时往往会将下颚至喉部鳃后侧的薄膜鼓起，看起来似黄麒麟，所以常引起混淆，最大体长20cm，但个性尚属温和。

◎红肚火口鱼

南美中小型慈鲷，体长只有10cm，脾气非常暴躁，在生气时会鼓胀其鳃膜恐吓敌人。有强烈的领域性，常不时追赶进入其领域的鱼只。因为成熟时从鳃部至前胸有非常鲜艳的红色，故称为红肚火口鱼。有吞食泥砂过滤其中饵料的习性，因此在初期进口时，其英文名为食土鲷，目前是在市场上正被淘汰的鱼种。

17 火鹤鱼及其饲养

别名: 寿星头、寿星鱼、隆头丽鱼、金刚红财神

原产地及分布: 中美洲的尼加拉瓜、哥斯达黎加等地

成鱼体长: 26.0~33.0 cm	**适宜温度:** 23.0℃~27.0℃
酸碱度: pH 6.8~7.5	**硬度:** 10.0° N~30.0° N
活动水层: 中层	**繁殖方式:** 卵生

　　火鹤鱼体格壮硕,色彩艳丽,火一般的颜色,头部色较深。其高高的额头就像老寿星,性格粗暴,只能和大型猛鱼混养。

　　火鹤鱼头大,头顶上方生有一个明显的圆形肉瘤,与众不同。体色粉红,幼鱼体色灰黑,成鱼变成火红色,体色多变,有时体色橘红或黄色。

　　在东南亚有人将火鹤(寿)、三间虎(禄)、龙鱼(福)共养一缸,称为"福禄寿"。此行为纯属风水学范畴,这三种鱼并不适合混养。

　　饵料有鱼虫、水蚯蚓、小活鱼等。

　　繁殖水温27℃~29℃,水质是弱酸性软水,亲鱼性成熟6~8个月,雄鱼头顶肉瘤较大,体色鲜红似火,雌鱼体色较淡,每次产卵200~500粒,以平滑岩石或大理石板作产巢。

❀ 火鹤鱼的种类

◎红寿星

　　头部的肉瘤布于整个头上,十分发达,有的品种肉瘤是由较小的肉瘤所组成,有的则是由几个大肉瘤所组成,看来迷人极了!

◎红白寿星

　　红白寿星身上或头部的肉瘤可以是红色或白色相间的色泽,每尾所显示的分布不同,却各具特色。头部的肉瘤要发达厚实,最好是方方正正的形状,如此才会迷人珍贵。

◎黑寿星

黑色如墨的身体，配上黑色的头部肉瘤，感觉高贵、大方。

◎五花寿星

五花寿星身上是五彩缤纷的色泽，头部的肉瘤不是很发达，看它游动的拙姿，实在是非常可爱。

◎红兰寿

此种红兰寿的背部末端急转直下，感觉十分有曲线，头上密布红色的肉瘤，鱼鳍短小，泳姿可爱。

◎红头白兰寿

红头白兰寿也是很受人垂青的品种，雪白的身体冠上红色的冠顶，加上肥大的腹部，是很匀称的鱼种。

火鹤鱼的人工繁殖

火鹤鱼又名寿星鱼、吉祥鱼和寿星头，是集观赏与食用于一体的热带鱼。火鹤鱼成鱼一般体长20～25cm，体格强健，体色多变，一般呈橙红色、白色和橘黄色；适宜生活水温23℃～28℃，性情粗暴，领地意识较强，有时能见到两条鱼相互撕咬，以致双方两败俱伤，因此火鹤鱼不宜与小型鱼类混养；火鹤鱼摄食鱼虫、水蚯蚓、小活鱼、虾等，经人工驯化后可以摄食人工配合颗粒饲料。

苗种繁殖

①亲鱼培育。养殖生产所采用的养殖设施为封闭式循环水，所用培育池为面积20㎡，水深1.2m的水泥池，水源为温泉水，水质符合养殖用水标准，水温相对恒定，水质清澈无污染。在放养火鹤鱼前，培育池要用二氧化氯溶液进行消毒，然后再加注新水。

②亲鱼选择和培育。选择亲鱼时，要求雄鱼一般额头凸起且体色鲜艳，背鳍和臀鳍末端尖长雌鱼腹部膨大，背鳍和臀鳍末端圆润。1个面积为20m^{2}的水泥池一般放养火鹤鱼亲鱼10～15对，雌雄比例1：1。放养前，用聚维酮碘溶液对亲鱼消毒20～30分钟。亲鱼培育时，一般每天投喂两次，饲料为鲜活小鱼

或配合饲料,饲料要求新鲜、不发霉、不变质,营养成分能满足其发育需要。也可酌量添加维生素E,以促进亲鱼性腺的发育与成熟。每天定期排污和加注新水20~30cm,以为亲鱼营造一个良好的生活环境。

③苗种繁殖。火鹤鱼生长迅速,经过8~10个月的养殖,其性腺即发育成熟,可进行繁殖。当发现有两尾成鱼独处一隅,其他鱼体试图靠近时这两尾鱼就显示出强烈的领域意识,会去撕咬其他鱼体,说明这两尾鱼萌发了爱意;或者发现雄鱼生殖器突起明显下垂,稍细长,而雌鱼腹部膨大,产卵管粗短,明显突出体外,这时就要及时取出雌雄两尾亲鱼,放在产卵池或产卵缸里,并在池或缸的底部放一块大理石或一个花盆作为产卵巢。产卵池、产卵缸、产卵巢在使用前要用高锰酸钾溶液浸洗30分钟,然后冲洗干净待用。繁殖水温控制在27℃~28℃,待雌雄亲鱼熟悉周围环境后,就会轮流用嘴啄产卵板,清扫干净后,时机也就成熟了,雌鱼会贴着产卵板产卵,雄鱼紧跟其后释放精液受精,一圈又一圈,这一过程俗称"走板"。一般经过40~60分钟后,产卵接近尾声。雌鱼每次产卵一般800~1000粒,在这一过程中,亲鱼会不停地用嘴吞吃脱落的、发白的卵子,因此,产卵结束后要及时将产卵板或亲鱼捞出。应该注意的是:孵化受精卵的水质和产卵池的水质要求一致,以免影响孵化率。孵化期间,密切注意水温变化,应绝对避免水温的骤升和骤降,并且控制溶解氧含量在5mg/L至6mg/L。经过48小时至72小时的孵化,仔鱼破膜而出,并从产卵板上渐渐脱落下来,落在缸底或池底。刚孵化出的仔鱼带着卵黄囊,在前2~3天的时间内,仔鱼靠吸收自身的卵黄囊维持生命,最后上浮,游向水面。待仔鱼陆续游向水面时,卵黄囊也就基本吸收完毕,这时要及时投喂开口饵料,如蛋黄水蚤,它是几种浮游的原生动物的俗称,以保证仔鱼能够摄取足够的、适口的饵料来存活。再经过7~10天,就可以投喂轮虫类、枝角类以及桡足类,这时要根据放养密度和水质情况,及时降低放养密度而进行分养,同时加大换水量,及时吸污,以保持水质清新。

苗种培育

①苗种培育池和水质要求。苗种培育池面积一般为20㎡~40㎡，水深1.0m左右，采用封闭式循环水进行养殖，水质符合养殖用水水质标准，放养前养殖池用二氧化氯溶液进行消毒。

②苗种质量要求。放养的苗种要求体质健壮，规格整齐，逆水能力强，体表有光泽，对外界刺激反应灵敏，肌肉丰润，眼睛饱满且明亮，鳞片排列整齐，鳍无缺损，鳃组织鲜红且无寄生生物。

③苗种放养。苗种放养时，用浓度为$20×10^{-6}$的聚维酮碘溶液消毒15~20分钟；规格为2~3cm的鱼苗，放养密度一般为250尾/㎡~300尾/㎡。

④投喂和日常管理。每天投喂4~6次，饲料可以是红虫、小鱼或颗粒饲料等，鲜活的鱼虫在投喂前用4%的食盐水消毒10分钟，冲洗干净后投喂。养殖水温控制在26℃~28℃，每天排污并补充新水，以保持水质清洁。

成鱼养殖

①成鱼养殖池。要求成鱼养殖池面积一般40㎡~100㎡，水深1.2m左右，采用封闭式循环水进行养殖，水质符合养殖用水水质标准，养殖池在放养前用二氧化氯溶液进行消毒。

②放养鱼种。放养时，用聚维酮碘溶液消毒20~30分钟，放养密度一般为25尾/㎡~40尾/㎡。

③投喂。成鱼养殖期间，蛋白质含量应在30%以上，最好采用膨化颗粒饲料，投喂坚持"四定"原则，每天投喂4次。

④日常管理。养殖水温保持在26℃~27℃，根据需要随时加注新水以调节温度。每天保持24小时水循环，水质清洁、干净。密切注意观察鱼类活动情况，发现问题及时解决。

病害防治

火鹤鱼抗病害能力较强，在整个养殖过程中成活率较高。常见病害主要有细菌性肠炎病、烂鳃病、小瓜虫病和车轮虫病等，由于其对常用药物没有使用禁忌，因此其病害防治可参照常规鱼类的防治方法。

18 荷兰凤凰鱼及其饲养

别名： 雷氏蝶色鲷、七彩凤凰、马鞍翅

原产地及分布： 南美洲	**性格：** 温和
成鱼体长： 8.0~10.0 cm	**适宜温度：** 23.0℃~30.0℃
酸碱度： pH 5.0~7.0	**硬度：** 0.0° N~12.0° N
活动水层： 中层	**繁殖方式：** 卵生

它和玻利维亚凤凰同属，但颜色更为靓丽，成鱼的身上有着和鳉科鱼一样的花纹，并如同宝石般的闪光。雄鱼的鳍上有漂亮的红边，背上的黑斑加上红色的眼睛可谓靓丽非凡。当雄鱼展开背鳍上的四根黑色的棘条非常美丽。

常有许多玩家总是搞不清楚七彩凤凰及荷兰凤凰的关系，其实荷兰及七彩凤凰是属于一体两面的品系，但多数个体仍可依据体态体型及色斑色块的表现来区分开，以比较严谨的角度来审核可称之为荷兰凤凰的个体应为：

①体型的表现：具有较高的体高，而头型圆润而微突（公鱼），且身长较短，但在幼鱼或是亚成鱼阶段并不会有很强烈的特征表现，需等待成鱼期后才较明显。

②色斑色块的表现：荷兰凤凰的底色有较浓艳的蓝色金属光泽，鳍条及鳍膜上的红色亮点也较为浓厚，而真正的重点在于前三根背鳍硬棘是浓黑色的，且约在第六至第九鳍条中间有着大而深厚的蓝黑斑块，背部鳞片上也有着相当大比例的黑蓝斑。

荷兰凤凰性情温和，小巧玲珑，几乎终日在水族箱中不停地游动。易饲养，可与其他品种鱼混养。日常饲养时，在水族箱底部放些鹅卵石，使水质清澈。雄鱼体狭长，活泼好动，体色较深；雌鱼腹部膨大，活动摇摇摆摆，体色较淡。

繁殖难度不大，只要挑选健康良好的雌雄对鱼，一般在饲养过程中就不难见到发情和产卵了。产卵前，请保证环境的安静，必要的时候需要捞出其他鱼。雌鱼发情后，就会在选择的产卵点上（如沉木、岩石、宽叶水草叶面、底砂小坑等）打扫出一片"产房"，而雄鱼则伴其左右。出现这样的情况后，一般几小时内就会产卵。雌鱼一次产80~300枚卵。

　　产卵结束后，雌雄亲鱼会共同担负起保护鱼卵的任务。这个时候最好趁机捞出雌鱼，留下雄鱼看护。注意不要惊扰到雄鱼，或是碰到鱼卵。

　　荷兰凤凰非常不耐药品，对化学药品非常敏感，如果感染疾病将会非常麻烦。寿命约2~3年。但它性格较温和，体格结实，易养。

19 非洲王子鱼及其饲养

别名：黄唇色鲷

原产地及分布：非洲马拉维湖	**性格：**温和
成鱼体长：8.0~10.0 cm	**适宜温度：**22.0℃~28.0℃
酸碱度：pH 7.0~8.5	**硬度：**10.0° N~30.0° N
活动水层：底层	**繁殖方式：**卵生

　　非洲王子鱼幼鱼期的鱼体为橙黄色，尾鳍、胸鳍上部有两条黑色条纹直接延伸至尾部，全身泛着金黄色光泽，非常美丽。

　　成鱼期的雌鱼保持原来的体色，雄鱼体色则变为深蓝色。此鱼有争领地的习性，在水族箱内要种植水草或放置假山石作隐蔽场地。雄鱼时常争斗，所以混养需要较大的水族箱和较多的水草、岩石等隐蔽场所供弱势鱼躲藏。

该种鱼为口孵鱼类，繁殖很简单。繁殖水温27℃～29℃，水质弱碱性或中性，可选用50×30×35cm的鱼缸，将亲鱼放入。雌鱼产卵后，会将受精卵含在自己口中，随后受雄鱼臀鳍上的伪卵吸引，嘴巴靠近雄鱼的臀鳍，从而使口中的卵受精，约三天孵出仔鱼，在孵化期间，雌鱼不能喂食，以便它不断地鼓动双鳃，以增加口中氧气。当仔鱼游水后，若有险情，雌鱼会立刻将仔鱼含入口中游离。1～2周后仔鱼长大，这时可将雌鱼捞出。雌鱼每次产卵50～100粒。

饵料有鱼虫、水蚯蚓等。幼鱼时可与其他鱼一起混养，成鱼好争斗，宜单独饲养。

20 帝王三间鱼及其饲养

别名: 眼斑鲷　　　　　　**性格:** 有攻击性

原产地及分布: 南美洲亚马逊河流域

成鱼体长: 99.0 cm　　　　**适宜温度:** 23.0℃~27.0℃

酸碱度: pH 6.4~7.5　　　**硬度:** 7.0° N~20.0° N

活动水层: 中层　　　　　**繁殖方式:** 卵生

　　帝王三间鱼身上有规则的白点, 胸鳍较长, 腹鳍前位在胸鳍下方。头大, 口大, 下颌突出, 口裂向上, 背鳍基很长, 臀鳍基很短, 尾鳍基部有一块黑色镶金边的大圆斑, 明显似眼, 故又名眼斑鲷。

　　帝王三间能适应弱酸弱碱性水质, 习性与皇冠三间相同, 饲养方法也相同, 但是值得注意的是在野生环境下, 帝王三间至栖息在水质透明的地区, 所以饲养时要特别注意水质的保持。

　　帝王三间是贪吃的大胃王, 而且是食鱼性的鱼类, 属肉食性凶猛鱼类, 幼鱼就能吞食小鱼, 对于活饵是永远不挑剔的。成鱼尤其对小鱼、小虾很感兴趣。它们吃起东西来没完没了, 生长得也极为迅速, 很快就能长大。这种鱼的雌雄鉴别极为不易, 水族箱繁殖也基本上不可能。这种鱼会产卵于洞穴中, 并保护卵和幼鱼, 约1个月左右, 雄鱼会赶走雌鱼, 并独立担负照顾仔鱼的责任, 直至幼鱼独立生存。

　　市面上所出售的大多是20cm以下的幼鱼, 只要饲育方法得当, 这些小鱼很快就可以长得很大。这种鱼绝对不适合草缸, 而且最好不要和其他的鱼类混养, 即便是看上去很温顺的小帝王三间鱼, 它们一样也是坦然的老饕。由于它们的嘴的生理结构使它们的嘴可以张到很大, 它们可以毫不费力的吞下比较大型的食物, 所以和比它们小的鱼类混养是不合适的。

　　很多资料将帝王三间与皇冠三间相混淆, 实际上从分类学上这是两种鱼, 需要注意。

皇冠三间鱼及其饲养

别名: 金老虎

性格: 有攻击性

原产地及分布: 南美洲亚马逊河流域

成鱼体长: 68.0~74.0 cm

适宜温度: 23.0℃~27.0℃

酸碱度: pH 6.4~7.5

硬度: 7.0° N~20.0° N

活动水层: 中层

繁殖方式: 卵生

　　皇冠三间鱼成熟后全身会呈现出闪亮的金黄色,雄鱼头部上扬,嘴很大,体侧有黯色的花纹,雄鱼会长出类似牛头鲷一样向上的"小帽子"。

　　皇冠三间在当地作为食用鱼和垂钓鱼类。体型相当大,应使用大型水族箱,属于猛鱼,喜成对,适应力强,不挑水质,但最好是弱酸性至中性的水质。

　　由于地域的变异,身上的花纹差异也颇大,肉食性,好活食,食量大且成长迅速。

22 非洲十间鱼及其饲养

别名: 布氏罗非鱼、布氏鲷、十间鱼

原产地及分布: 非洲西部	**性格:** 有攻击性
成鱼体长: 28.0~31.0 cm	**适宜温度:** 22.0℃~25.0℃
酸碱度: pH 6.5~7.3	**硬度:** 4.0° N~16.0° N
活动水层: 中层	**繁殖方式:** 卵生

非洲十间鱼呈椭圆形，体色灰白，体表从眼睛到尾鳍约有8~10条黯黑色环带绕身。

雄鱼体色鲜艳，背鳍、臀鳍末梢尖长，雌鱼色淡，属口孵卵生鱼类。

非洲十间鱼是体型大且非常好斗的非洲慈鲷。最好是将这些鱼放到一个大的水族箱里独自喂养。你也将需要提供强大的过滤装置并且两周能够换一次水，优良的

水质对于这种大型的鱼是非常重要的。它是一种杂食性鱼，可以吃任何你能提供的食物，饵料有鱼虫、鱼肉、水蚯蚓等。

23 虎皮鱼及其饲养

别名: 四间鱼、四间鲫鱼	**原产地及分布:** 苏门答腊
成鱼体长: 6.0~7.0 cm	**适宜温度:** 20.0℃~25.0℃
酸碱度: pH 6.5~7.5	**硬度:** 4.0° N~12.0° N
性格: 温和　**活动水层:** 中层	**繁殖方式:** 卵生

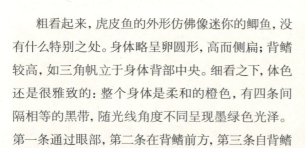

　　粗看起来,虎皮鱼的外形仿佛像迷你的鲫鱼,没有什么特别之处。身体略呈卵圆形,高而侧扁;背鳍较高,如三角帆立于身体背部中央。细看之下,体色还是很雅致的:整个身体是柔和的橙色,有四条间隔相等的黑带,随光线角度不同呈现墨绿色光泽。第一条通过眼部,第二条在背鳍前方,第三条自背鳍末端至臀鳍基部,第四条在尾柄基部。黄、黑相间的条纹似斑斓的虎皮,这是它名字的由来。

　　虎皮鱼的吻部、背鳍和腹鳍的边缘为亮丽的红色,在雄鱼中表现得较显著。两性的外形区别不大,如果仔细比较,发情期的雄鱼连尾鳍也有红色,而吻部的红色比雌鱼更饱和。

　　虎皮鱼在水族箱中饲养时体长很少超过6cm,在大水域放养的则可以达到7cm。它们是性情温和、酷爱结群的种类,甚至喜欢跟不同种类厮混,但是虎皮活泼调皮的天性会令游动缓慢的热带鱼受不了,虎皮鱼会好奇地啄其他鱼的鳍和触须,可能造成实质性的伤害,虽然那看上去一点也不像蓄意的攻击(虎皮鱼也啄同类,只不过同类动作也很敏捷,不易被啄到而已),也许是这样的原因,有很多人不喜欢养虎皮鱼,觉得它们是害群之鱼。

　　虎皮鱼具有鲤科鱼类都有的游动迅速的特点,为了保证有足够的运动余地,饲养它们的水族箱宜大,并种植细叶长茎的水草,如金鱼草、狐尾草等,便于产卵后卵的附着。虎皮比较偏爱流动性强的软水，因为在流水中可以更快实现气体交换，很适合它们对氧的大量需要。水中溶氧量不足常导致虎皮的大量死亡。经常性地少量换水可以增强鱼的活力，在闷热的夏季尤其如此。

它们在水温22℃~25℃时最活跃，体色也最鲜艳，当水温低于18℃时，活动能力明显减弱，而超过30℃的水温同样对它们有危险。虎皮食性杂，喜欢活饵，颗粒饲料也喜欢吃，多在下沉的过程中被吃掉，等沉底后就不太爱吃了，所以每次投喂的量不要太多。

客观地说，虎皮不是非常适合在景观水族箱中混养的种类，但单种群养效果很好，颇具活力感。它们是很容易养活的种类，在保证水温和溶氧量的情况下很少生病，管理时要注意防止它们过度兴奋地追逐而越出水箱。有资料介绍虎皮以8条以上的规模群养时较少骚扰别的鱼。即使你觉得有必要将它们跟别的鱼共养，最好多放雌鱼，少放雄鱼。最适生长水温24℃~26℃，要求含氧量高的老水。杂食性，但爱吃鱼虫、水蚯蚓等活饵料，干饲料也摄食。虎皮鱼好群聚，游泳敏捷、活泼，成鱼会袭击其他鱼，尤爱咬丝状体鳍条，不宜和有丝状体鳍条的鱼（如神仙鱼）混养。虎皮鱼的变异种有绿虎皮鱼、金虎皮鱼等。绿虎皮鱼的体形、鳍形均未变，但体色改变成不规则的绿色大斑块和条纹，非常美丽，绿虎皮鱼要求高溶氧水体。金虎皮鱼体金红色，眼红色。

虎皮鱼的雌雄鉴别

雄虎皮鱼鳍上的红色比雌鱼的深；繁殖期间，雄鱼的鼻部及尾部会出现火一般的红色，非常醒目。雌虎皮鱼鱼体比雄鱼宽而大，尤其腹部膨大。

虎皮鱼属卵生鱼类，6月龄进入性成熟期。虎皮鱼繁殖并不困难，要求繁殖用水的pH6.4~7.4，硬度5°N~7°N，水温27℃。向繁殖缸内兑入1/2的蒸馏水可以刺激鱼的发情。

繁殖缸内应种一些水草，并铺一些消过毒的棕丝，以便卵附着。可先将发情的雌鱼放入繁殖缸，待其适应新环境后再放入雄鱼。因雄鱼追逐雌鱼很激烈，常常会出现雄鱼紧贴雌鱼，在水中急游打转的情况。在这过程中完成排卵受精活动。每尾雌鱼每次可产卵200~500粒，产完卵要立即将种鱼捞出另养，因为它们有吞食卵的习性。虎皮鱼一年可繁殖多次。

受精卵经36小时左右孵化出仔鱼，这时仔鱼头朝上悬浮在缸壁和水草上，不吃食也不游动，再经36小时左右，仔鱼开始觅食游动。可先喂"洄水"，一周之后改喂小型鱼虫，随后进入正常饲养阶段。

24 黄金鳉鱼及其饲养

原产地及分布：印度、缅甸、斯里兰卡

成鱼体长：10.0~12.0 cm　　　**适宜温度**：24.0℃~28.0℃

酸碱度：pH 6.0~7.5　　　**硬度**：4.0° N~18.0° N

性格：温和　　**活动水层**：中层　　**繁殖方式**：卵生

因为黄金鳉鱼是水族市场上除了蓝眼灯之外，价钱最平实、在各水族馆的曝光率最高同时也广受世界各地观赏鱼爱好者青睐的鳉鱼了。黄金鳉成鱼体长可达10cm，身体呈现饱满的金黄色泽，从眼睛后方延伸至各鳍，并在鳍上反射出略带黄绿色的光泽。各不成对鳍（背鳍、臀鳍与尾鳍）末端的红色色框终止了刺眼金黄色泽的无限漫延，让黄金鳉鱼显得更为可人。

黄金鳉鱼主要分布于亚洲的印度半岛各地，栖息于热带高海拔的溪流、水库、河流、稻田、沼泽和河口半咸淡水域中底层。由于分布地处南亚次大陆的关系，所以非常喜欢接受阳光的照射。善弹跳，会跳出水面抓捕蚊虫，没有季节性。

黄金鳉鱼是一种饲养上几乎可以完全不用担心的鳉鱼。饲养的环境布置上，建议以密植水生植物、沉木为佳，因为黄金鳉鱼不算是温和的鳉鱼，因此适当为其他弱势鱼只提供躲避藏匿之处。由于黄金鳉鱼的仔鱼成长速度很快，且成鱼体型较大，因此在饲养时所用的鱼缸建议越大越好。水质方面，原则上是属于pH中性的水质，但是不论是稍微偏碱或稍微偏酸的水都还是可以接受。虽然原产地的温度约为22℃到25℃，但是也可以忍耐高于30℃以上的高温。

25 黄金战船(丝足鲈)鱼及其饲养

别名： 招财鱼、战船鱼、古代战船、黄金战船、巨型飞船、
　　　长丝鲈、欧氏攀鲈

原产地及分布： 亚洲及东南亚的越南、泰国、马来西亚等地

成鱼体长： 50~70 cm	**适宜温度：** 20℃~30℃	
酸碱度： pH 6.5~8.0	**硬度：** 4° N~25° N	
性格： 有攻击性	**活动水层：** 中层	**繁殖方式：** 卵生

野生的战船鱼(俗称古战船)呈银、铜灰色躯体，身上有深色直条纹。鱼头很尖，眼睛长得很靠前，鱼鳞错落有致。眼睛小、嘴巴大而翘、嘴唇厚，腹鳍延伸呈细丝状。所以得名丝足鱼。古代战舰在人们的饲养过程中出现了一种白(黄)化品种就是黄金战船，又叫招财鱼。

由于这种鱼在东南亚是极为重要的食用鱼种，被广泛养殖，目前在东南亚几乎到处都有它们的影子，所以我们几乎可以不必要担心其来源。这种鱼属于体格超级强壮的鱼种，而且生长极为迅速。可以在很短的时间内就长得极为巨大。所以应该注意不要将它们养到较小的水族箱里，水族箱应不小于120cm，不然会对它们的生长造成不利影响。

❊ 黄金战船鱼的饲养方法

该鱼体格健壮，饲养水温24℃～27℃，水质为中性或微酸性软水。饵料有小鱼、小虾、小肉块等。

繁殖时，亲鱼自行配对。可以用大理石板或平滑的岩石作产巢。

野生的战船鱼呈银铜灰色躯体，身上有深色直条纹。我们人工饲养的战船鱼身体呈金色。

战船鱼是杂食动物，它们对绿色食物很为偏爱。但这并不影响它们吞食小型的鱼类和小虾，它们很喜欢吃活的小鱼和小虾，这些高蛋白的食物对它们的生长可以起到很好的作用。所以喂养战船鱼的时候一定要注意植物性饲料的投喂并且不能少了动物性饲料的投喂。

战船鱼一般是不可能在水族箱里繁殖的，如果你有大型的水池倒是可以试一试。它们属于典型的泡巢繁殖的攀鲈品种。雄性战船鱼的头部有像鹅一样的隆起，雌性战船鱼的头部较为平顺，所以雌雄的鉴别一般不会很难。

战船鱼的繁殖方式和暹罗斗鱼一样，同样是泡巢产卵，雄鱼负责卵和幼鱼的保护。刚开始游动的幼鱼，由于体型较大，所以可以立刻摄食水虱、丝蚯蚓等较大型饵料，饲养应该不难，幼鱼很有一点攻击性。大约两年龄，战船鱼就达到性成熟并且可以繁殖下一代了。

26 红腹食人鲳鱼及其饲养

别名：纳氏锯脂鲤、红腹食人鱼、水虎鱼			
原产地及分布：南美亚马逊河流域	**性格**：有攻击性		
成鱼体长：20.0～30.0 cm	**适宜温度**：24.0℃～29.0℃		
酸碱度：PH 6.0～7.5	**硬度**：4.0°N～18.0°N		
活动水层：中层	**繁殖方式**：卵生		

红腹食人鲳鱼牙齿锐利，下颚发达有刺，腹部呈红色。食人鱼还有一种独特的禀性，只有成群结队时它才凶狠无比。有的鱼类爱好者在玻璃缸里养上一条食人鱼，为了在客人面前显示自己的勇

敢，有时故意把手伸到水里，当然在大多数情况下他都能安然无事，如果手指有伤就另当别论了。

假如客人凑近玻璃缸或是主人做了一个突如其来的手势，这种素有"亚马逊的恐怖"之称的食人鱼竟然会被吓得退缩到鱼缸最远的角落里不敢动弹。显而易见，平常成群结队时不可一世的食人鱼，一旦离了群，就成了可怜巴巴的胆小鬼啦。

如果家养红腹食人鲳鱼进入自然水域，很快就可以形成种群，到时候给自然水域的生态平衡造成的破坏将难以估算。

红腹食人鲳鱼繁殖水温在26℃左右为宜。繁殖前可在缸底铺一层金丝草或棕榈丝，将红腹食人鲳亲鱼按1:1的雌雄比例放入，经一天追逐后可产卵，产卵结束后，应将亲鱼及时捞出以免食卵。雌鱼将卵产在雄鱼挖好的坑中，然后由雄鱼进行授精。雌鱼一次产4000～6000枚卵，产卵后亲鱼会护卵。受精卵经48小时可孵化，仔鱼经48小时可游动摄食。红腹食人鲳约18个月达性成熟，一年可繁殖多次。雄鱼有护卵的习性，可将雄鱼留下看护鱼卵。受精卵约经四天孵出仔鱼，仔鱼游水时可将雄鱼捞出。

红腹食人鲳鱼的游速不够快，这对于许多鱼类来说无疑值得庆幸，但是其捕食时的突击速度极快。游速慢的原因归咎于食人鱼的那副铁饼状的体型。长期的生物进化为什么没有赋予它一副苗条一点的身材呢？科学家们认为，铁饼型的体态是所有种类的食人鱼相互辨认的一个外观标志，这个标志起到了阻止食人鱼同类相食的作用。

为了对付食人鱼，还有许多鱼类在千百年的生存竞争中发展了自己的"尖端武器"。例如，一条

电鳗所放出的高压电流就能把30多条食人鱼送上"电椅"处以死刑，然后再慢慢吃掉。

刺鲶则善于利用它的锐利棘刺，一旦被食人鱼盯上了，它就以最快速度游到最底下的一条食人鱼腹下，不管食人鱼怎样游动，它都与之同步动作。食人鱼要想对它下口，刺鲶马上脊刺怒张，使食人鱼无可奈何。而且在亚马逊河杀手排行榜上，刺鲶排第一，食人鱼只排在第四。

红腹食人鲳是肉食性鱼，主要捕食昆虫、蠕虫和其他鱼类。

27 绿河豚及其饲养

别名： 金娃娃、潜水艇、深水炸弹、狗头	
原产地及分布： 泰国、印度尼西亚、马来西亚、中国南部海域	
成鱼体长： 10.0~17.0 cm	**适宜温度：** 23.0℃~28.0℃
酸碱度： pH 7.5~8.5	**硬度：** 12.0° N~18.0° N
性格： 有攻击性　**活动水层：** 底层　**繁殖方式：** 卵生	

绿河豚（金娃娃）体态较小，身体滚圆且臃肿，腹部胀大，一对突起的大眼睛非常有神，游动时显得比较笨拙，鱼体呈鲜艳的黄绿色，上面散布着黑色或绿色的斑点，外形憨厚，其模样十分可爱。绿河豚（金娃娃）在游动时用胸鳍拨水，更为逗人。用鱼网捞起时，空气会进入鱼鳔，鱼腹部膨胀得像一个球。

河豚属于鲀形目鲀科，有三种水质的：海水，汽水，淡水。其中体型较小的称为娃娃，体型较大的称为狗头，目前市场上最常见的是气水域的绿河豚（金娃娃）。

绿河豚（金娃娃）特征为肚白背金，背上不规则散布黑色斑点，前额处会有一块特别亮眼的金色，鳍色半透明，部分个体尾鳍有规则弧状黑纹路。对水质环境敏感，肚皮有发黑的能力，体色会随情绪改变深浅。

绿河豚（金娃娃）健康的个体活动力高，食欲好，不挑食，好奇心强，与主人的互动良好。若要长期饲养必须使用汽水。初期同类混养时会互相攻击以建立地位，后期则较容易相处。脾气中等，攻击性中等，个体需要空间大。

在众多的观赏鱼种类中，豚科观赏鱼可以说是比较特殊的种类之一，很多人对它们可以说是一无所知。只是被它们鲜亮的颜色、可爱的外表所吸引，其实，豚科观赏鱼往往有某些特殊的要求，主人们应该研究它们的需要，为它们建立适合的环境满足它们的要求。

在野生环境中可以长到17cm，但在水族箱中通常长不到那么大，市场上出售的多在5cm左右。淡水鱼种，高硬度水pH8.0，适合水温24℃～28℃。

①可以在淡水饲养，在水中适当加盐，该鱼牙齿锋利，会攻击其他小鱼，当遇到更大的鱼或危险的时候它的身体会膨大，以吓退敌人。

②虽然个子小，可是对别人的鱼鳍照吃不误，特别喜欢咬别的鱼的尾鳍甚至同伴的尾鳍。

③绿河豚具有生殖洄游习性，性凶残而胆小，当生存环境恶劣时（如饵料不足、养殖密度过高），常会相互残杀，这种残杀习性尤以苗种培育阶段为甚。其食道构造特殊，使绿河豚在遇到敌害或受惊吓时，吸入空气和水，使胸腹部膨大如球，表皮小刺竖立，浮于水面装死，以此自卫，待安全后，迅速排放胸腹中的空气与水后快速游走。此外，它还有咬齿习性，被捕捞后会发出"咕咕"响声。

🌊 绿河豚（金娃娃）的毒性

绿河豚是河豚的一种，河豚的皮肤、肌肉、内脏、血液、鱼卵皆有剧毒，吃下去10g就会致命，专家介绍，大多数河豚都属于有毒鱼类，其所含毒素的毒性相当于剧毒药品氰化钠的1250倍，只需要0.48mg就能致人死命。如将绿河豚当作观赏鱼饲养时，应特别小心，手上有伤口时，不要直接接触鱼体（但目前市场上见到的大部分鱼是经过长期的人工繁殖的，毒性已减弱或者无毒性）。

🌊 金娃娃的饲养要点

①尽量减轻它的压力，压力会破坏其免疫系统，使它容易患病，可以在缸里布置些可供它藏身的东

西，如宽大叶子的水生植物、石块洞穴和沉木都是很好的选择。

②保持恒定的水温（在24℃~28℃左右）和pH值。水中要适量加些盐或兑入比例为二分之一的人工海水。

③过滤和水流也是必不可少的，但水流要缓慢。过滤系统里一定不要加活性炭，应该放入过滤棉和珊瑚砂。

④喂食不要过量，如果过量的话可能会导致便秘。每天喂1~2次就可以了。

⑤经常检查它的身体状况。每天都要仔细地查看一下它的全身，看是否有外在疾病，如寄生虫、细菌、真菌感染、咬痕或其他伤口等。顺便观察一下它的活动，看看行动是否异常。

⑥由于绿河豚（金娃娃）攻击性较强，最好不要与其他鱼类混养。

28 黑魔鬼鱼及其饲养

别名：光背电鳗、魔鬼刀		
原产地及分布：南美洲亚马逊河		
成鱼体长：40.0~50.0 cm	**适宜温度**：23.0℃~28.0℃	
酸碱度：pH 6.0~8.0	**硬度**：4.0° N~12.0° N	
性格：有攻击性	**活动水层**：底层	**繁殖方式**：卵生

　　黑魔鬼鱼背部光滑呈弧线形，全身漆黑如墨，体形侧扁。腹鳍和臀鳍相连，呈波浪状直达尾部，似一条黑色花边勾勒出鱼的曲线图。头尖，尾鳍延长似棒状，尾鳍有两个白色环。靠体内的弱电流来感觉水流、障碍物和食物等，造型奇特。

　　魔鬼鱼虽然又名"魔鬼刀"，但属光背电鳗科，与我们平时说的"刀鱼"，也就是七星刀等弓背鱼科的鱼是不同科属的。

　　"魔鬼鱼"是一种庞大的热带鱼类，学名叫前口蝠鲼。它的个头和力气常使潜水员害怕，因为只要它发起怒来，只需用它那强有力的"双翅"一拍，就会碰断人的骨头，置人于死地。所以人们叫它"魔鬼鱼"。有的时候蝠鲼用它的头鳍把自己挂在小船的锚链上，拖着小船飞快地在海上跑来跑去，使渔民误以为这是"魔鬼"在作怪，实际上是蝠鲼的恶作剧。"魔鬼鱼"喜欢成群游泳，有时潜栖海底，有时雌雄成双成对升至海面。在繁殖季节，蝠鲼有时用双鳍拍击水面，跃起腾空，能跃出水面，在离水一人多高的空中"滑翔"，落水时，声响犹如打炮，波及数里，非常壮观。蝠鲼看上去令人生畏，其实它是很温和的，仅以甲壳动物或成群的小鱼小虾为食。饵料有水蚯蚓、红虫等。在水族箱游姿特别，可随意曲折游动，需多加水草、沉木、洞穴等便于隐蔽的地方。在它的头上长着两只肉足，是它的头鳍，头鳍翻着向前突出，可以自由转动，蝠鲼就是用这对头鳍来驱赶食物，并把食物拨入口内吞食。

黑魔鬼鱼有令人不愉快的黑色，外形上尾柄突出如棒状，幼鱼有白色线条，身体呈刀形，侧扁，没有背鳍，臀鳍宽大而发达，成鱼尾鳍上的白色斑点会随成长而退化消失。同种中还有一款咖啡色的品种，鱼友们称为"咖啡魔鬼"。黑鬼鱼游泳的方式是用长长的尾鳍波浪状摆动而前进后退，有时是直立而游，有时会横卧而睡。眼睛已退化，几乎看不见东西，只能感觉到明暗。由于身体会发出微弱的电流具有雷达的功能，因而善于游泳。其灵巧、美妙的游姿就像一支黑色的羽毛在风中舞动，让人喜欢不已。黑鬼鱼喜欢夜行性生活，大多数时候，它们躲藏在密植的水草丛中，岩石、沉木的缝隙等幽暗环境里。黑鬼鱼适水温为24℃～26℃，对水质较为敏感，喜好弱酸性的软水。它们体格极其强健，很少会感染得病。黑魔鬼喜欢摄食动物性的活饵，却也十分容易接受各种人工饵料。鱼性非常温和，可以和绝大多数的热带鱼混合饲养。但成鱼会吃小鱼，须特别注意。据说黑鬼鱼的繁殖十分困难，至今为止还没有人在人工饲养的环境下进行成功繁殖。

黑魔鬼的疾病

发现鱼有食欲不振、游动无神、体色失常、身上长有白膜等异常情况时，都是患病的先兆。要把患病嫌疑的鱼单独放在一个缸里进行隔离，防止疾病蔓延。此时要注意几点：捞鱼动作要轻。隔离时，务必使用原有的水，只放置换气装置与保温器。应该使病鱼接受少量日光照射，水质保持清洁。若病鱼还能吃食，可以投喂少量食物，以增强病鱼的体质，使病鱼早日恢复健康。

29 红尾鲶鱼(富贵猫鱼)及其饲养

原产地及分布: 南美洲亚马逊河

成鱼体长: 40.0~50.0 cm	**适宜温度:** 23.0℃~28.0℃
酸碱度: pH 6.0~8.0	**硬度:** 4.0° N~12.0° N
性格: 有攻击性 **活动水层:** 底层 **繁殖方式:** 卵生	

　　富贵猫鱼外形比较优美,体延长,宽而扁平。在嘴的上下有雪白高贵的白须共6对,其中一对较长,常向前方伸展。

　　该鱼体色基本上有三种颜色:背部的灰黑色、腹部的雪白色、尾鳍的橘红色。且分界极为明显,头及吻部很大,一条白线从吻部一直延伸到尾部,尾和背鳍均为胭红色,其他各鳍为蓝黑色,体态优雅。眼眶上半部为白色,形成一半圈白圈。对小鱼性情凶暴,其他时候性情温和,同种类之间有撕斗现象,胡须容易被打断,但很快会恢复。食量大,喜食动物性饲料,尤其是小鱼,生长迅速。

　　饲料为活饵、肉块等,在原产地为食用鱼,也被用来清除河道的动物死尸。此鱼在刚入水族箱时会影响进食,一段时间适应环境后,能吃光同缸饲养的所有稍小的鱼只。红尾鲶属夜行鱼(经多年人工养殖后,夜行的习性基本改变了),夜晚很活跃,喜欢到处乱撞,因此在缸中不要做太复杂的造景,更不要种水草之类。在夜晚突然开灯后,容易受到惊吓而撞缸。在捕捞的时候也会因为惊吓而出现短暂的褪色现象。

　　食量和排泄较多,需要加强过滤,在水质差的环境下饲养容易出现蒙眼和翻鳃症状(翻鳃可按照龙鱼翻鳃治疗法医治)。红尾鲶能与人亲近,视觉很差,主要依靠它的胡须上的味蕾进行觅食,活泼好动,需要较大的水族箱。

　　性成熟期的红尾鲶能发出猫一样的叫声,30cm以下的亚成体小鱼,胃袋还没未发育完全,喂食过量或环境突然改变以及受到惊吓之后会产生呕吐的应激现象。和鲶科的鱼一样,红尾鲶也容易吞食一些小型器械零件，但之后大多能自己吐出来。情形严重者也可以用镊子伸进胃袋中夹出来。

鲶科的鱼因没有鳞片，所以不耐盐和鱼药。如果水族箱中加盐过量，它就会出现表皮粘膜落皮的症状，在给红尾鲶加盐和药物食需特别注意，容易因为加药过量和水质不良导致腮丝变黑死亡。

》》 富贵猫鱼的繁殖技术

亲鱼产前培育：雌鱼体重500~1500克，雄鱼300~1000克。收集的亲鱼放入700㎡的一口鱼塘中专养，产前的两个月投放泥鳅、野杂鱼，每半个月冲水一次，促进亲鱼性腺发育成熟，亲鱼也可混养在其他的鱼塘里，保持水质清新。

产卵池、网筛、鱼巢等的准备：产卵池可选择"家鱼"的产卵池或一般的水泥池、池塘等，催产前一周用漂白粉或生石灰消毒。网筛用40目和25目的聚乙烯网制作，一般制成4×1×1m或2×2×1m的规格，网筛做好后应放入水中浸泡几天，并用孔雀石绿或高锰酸钾消毒。鱼巢用柳树根、棕榈或竹丝，扎好后2~3m一串，用绳子连成一体。鱼巢使用前用孔雀石绿或高锰酸钾浸泡消毒。

雌雄比例和亲鱼选择：雌雄比例以1:1较合适。在非生殖季节雌雄亲鱼不太容易区分。

在生殖季节，雌鱼体色新鲜、光滑、富有光泽感，腹部膨大，隐约可见卵巢轮廓，生殖孔发红、膨大、富有润泽，生殖孔周围有放射状斑，稍用力压腹部后侧，能挤出1~2粒卵粒，第一硬棘后缘锯齿不太大，稍光滑。雄鱼外生殖突显得较长而光细，性腺发育良好的雄鱼，挤压腹部可见少许白色精液流出。雄鱼刺上的锯齿较大，手摸有割手的感觉。

※ 富贵猫鱼的疾病防治

①出血病。

病原：初步认为是细菌感染所致。

症状：病鱼最初表现为独游水面，头上尾下，嘴部张开，稍受惊即蹿游于水下，不久即又上浮；中期病鱼于流水处聚集成团；临近死亡时，病鱼激烈翻滚、蹿游，头部常带有污泥。吻端粘膜溃烂，鳍及鳍基出血，鳍条末端稍腐烂，体表充血发炎；撕开皮肤，可见肌肉呈局部点状、线状或斑块状出血；鳃丝颜色变淡，黏液增多，末端腐烂缺刻，多数病鱼的鳃由于严重贫血及出血，而呈花斑状；病鱼腹部膨大，肛门红肿，肠道充血发炎，腹腔内积有淡黄色或红色腹水；部分病鱼的肝、脾、肾等实质器官有不同程度的点状出血，胆囊也常肿大变色。

流行情况：此病主要发生在3～15cm的苗种阶段，池塘养殖、网箱养殖均较流行。流行于5～7月，水温24℃～28℃。

防治方法：

a.用浓度1毫克升的漂白粉或0.3毫克/升的强氯精全池泼洒。并在当天开始投喂鱼血散，每天每万尾鱼种用药100克拌饵投喂连喂5天。

b.用浓度0.3～0.4毫克/升的"鱼虾安"全池泼洒，连续3天；并开始用鱼血康以3%～5%的含量拌饵投喂，连喂6天。

②烂鳃病。

病原待研究。

症状和病理变化：早期可见病鱼鳃丝颜色变淡，有少量腐烂，尾部与体表黑色素增多，食量减少，每日可见个别死鱼。后期可见病鱼体色发黑，鳃丝边缘附有污泥或饵料残渣，大部分鳃丝腐烂缺刻，每日数量激增。此病流行于4～6月。

防治方法：

a.外用药物——漂白粉：浓度为1毫克/升（治疗网箱养殖大口鲇时，加0.4～0.5毫克/升的晶体敌百虫），全池或全箱泼洒。强氯精：0.3毫克/升（或生石灰15～20毫克/升）全池或全箱泼洒。

b.内用药物——呋喃唑酮：每100千克鱼体重每日用药0～10克，拌饵投喂，每天1次，连用3天。鱼菌灵：每100千克饵料加药200克，制成药饵投喂，每天1次，连用3天。

③赤皮病。

病原为细菌，详细情况有待研究。

症状及流行情况：病鱼体表局部或大部分充血发炎，主要危害鱼种，6～7月流行。

防治方法：用浓度为1毫克/升的漂白粉全池泼洒，同时用磺胺噻唑拌饵投喂，第一天每100千克鱼用药10克，第二至第六天减半，连喂6天。

④白头白嘴病。

病原为一种细菌。

症状：病鱼吻端、头部失去正常颜色而呈白色，该现象在水中观察尤为明显。此病主要危害大口鲇3日龄水花或1～1.5cm的鲇苗。

防治方法:

a.五倍子煎剂全池泼洒,使池水浓度成2~4毫克/升。

b.呋喃唑酮全池泼洒,使池水浓度成0.2~0.5毫克/升。

⑤白皮病。

病原为细菌。

症状:病鱼首先是尾鳍发白,继而扩展至整个尾柄和体后半部发白,与前半部显著不同,故此病又称白尾病。严重的病鱼尾鳍烂掉或残缺不全。主要危害3~6cm的大口鲇苗种,高密度下容易发生。

防治方法:

a.浓度为1毫克/升漂白粉全池泼洒,连用3~5天。

b.用2.5%的食盐水加几滴醋浸洗病鱼5~10分钟。

⑥打印病。

病原待研究。

症状:病鱼体色发黑,体表黏液明显减少。病灶位于体表腹部两侧,少数在背部。发病初期皮肤溃烂,充血发炎,肌肉呈椭圆黯红色斑块,如印章,严重者肌肉烂穿。少数并发鲺病及烂鳃病。此病主要危害大口鲇亲鱼及后备亲鱼,无明显流行季节。发病与鱼的营养状况、放养密度、鱼体受伤及水质环境等因素关。

防治方法:

a.青霉素肌肉注射,每千克体重2万国际单位,同时患处用红霉素软膏涂抹。

b.掌握合理放养密度,注意保持水质清新(定期加注新水或适量换水,每隔半月左右用生石灰15~20毫克/升全池泼洒一次),可预防此病发生。

⑦溃疡病。

病原有待研究。

症状:病鱼吻端发白,口腔肿胀发白,嘴不能张闭,胡须发白或断掉,鱼体两侧出现红斑,严重时红斑处表皮溃烂,露出肌肉。此病主要危害成鲇,流行于3~4月。

防治方法:

a.呋喃唑酮0.1~0.2毫克/升全池泼洒,或以5~10毫克/升的浓度浸洗病鱼15~30分钟。

b.对病情严重的鱼可肌肉注射氯霉素5毫克/千克。

⑧烂尾病。

病原为一种气单胞菌。

症状：病鱼从背鳍到肛门附近出现大面积溃烂，严重时尾鳍断掉。此病主要危害2.5～5cm的鲶鱼苗种。防治方法同白头白嘴病。

⑨肠炎病。

病原有待研究。

症状：病鱼初期臀鳍基部或各鳍鳍条发炎充血，有时出现肛门红肿。死鱼几乎都是肠道充血。主要危害成鲶，尤其吃配合饵料的大口鲇或吃大量腐败变质鱼肉块的易生此病。流行于4～6月。可与烂鳃病形成并发症。

防治方法：

a.加强饲养管理，保持水质清新，不投霉变或腐败饵料是预防此病关键。

b.发病后，每100千克鱼体重用呋喃唑酮10～20克拌饵投喂，每天一次，连用3天；或者每100千克饵料加病毒灵（盐酸吗啉胍）40克制成药饵投喂，每天一次，连续4～5天。投喂药饵的同时应结合用1毫克/升的漂白粉或0.3毫克/升的强氯精进行水体消毒，视情况全池或全箱泼洒1～3次。

⑩水霉病。

病原为水霉菌。

症状：此病主要发生在鱼卵孵化阶段，水温19℃以下更为严重。水霉菌先是在寡卵上滋生，随之在受精卵上蔓延，使鱼卵变成灰白色的绒球，水中观察更明显。

防治方法：此病应着重预防。在每次孵化过程中，每天用67毫克/升的孔雀石绿溶液浸洗鱼卵10～15秒钟，连续两天。或者每日上午或傍晚用同样浓度的孔雀石绿溶液泼洒孵化环道两次，直至孵出鱼苗为止。对患轻度水霉菌病的鱼卵，可用浓度为67毫克/升的孔雀石绿溶液浸洗5～10分钟，有一定疗效。

⑪粘孢子虫病。

病原为粘孢子虫。

症状：病鲶体表上分布着许多白色小点状胞囊。镜检可发现大量粘孢子虫。流行于5～6月。

防治方法：用浓度为0.3～0.5毫克/升的晶体敌百虫全池泼洒，视情况泼洒2～3次。

⑫车轮虫病。

病原为车轮虫属和小车轮虫属中的种类。

症状：车轮虫寄生于鲶鱼体表和鳃丝。寄生于体表的常密集于病鱼的嘴部、鳍等处而形成一层白翳；寄生于鳃丝的常成群地聚集在鳃丝边缘或缝隙里，破坏鳃组织，严重时使鳃组织腐烂，鳃丝软骨外露，使病鱼呼吸困难而死。流行于4～6月。

防治方法：

a.用浓度为0.3毫克/升的硫酸铜和浓度为0.1毫克/升的硫酸亚铁，分别溶解混合后全池泼洒。

b.池塘养鲶用鱼苗平0.5毫克/升，网箱养鲶用2毫克/升，泼洒，每天一次，连用3天。

⑬斜管虫病。

病原为鲤斜管虫。

症状：斜管虫主要寄生于鲶鱼的鳃丝，严重感染时鳃上黏液增多，鳃丝末端发白、腐烂。此病主要危害1~2cm的鲶鱼苗，流行于4~6月。

防治方法同车轮虫病。

⑭小瓜虫病。

病原为多子小瓜虫。

症状：小瓜虫寄生于鲶鱼体表及鳃丝。大量寄生时，鱼在水面集群浮游，不吃食，体色发黑，肉眼可见病鱼体表及鳍条上出现白色小点状囊泡，鳃丝颜色变淡，黏液增多。严重时病鱼体表尤其是头顶部常出现一层白膜。在高密度下饲养容易发生，流行于5~6月。

防治方法：

a.用浓度为20~40毫克/升福尔马林溶液浸洗病鱼20~30分钟。

b.生姜和辣椒混合剂，每平方米水面（深1米）用干辣椒0.37克，干生姜0.1~0.15克，加水煮沸半小时后用药汁兑水全池泼洒，每天一次，连用3天。

⑮固着纤毛虫病。

病原为累枝虫、后蛀虫、短蛀虫、筒形杯体虫和钟形虫。

症状：固着纤毛虫主要固着在鲶鱼体表及鳃上，严重时，病鱼身体消瘦发黑不吃食，反应

迟钝。此病主要危害3~6cm的鲶鱼苗种，流行于5~6月。

防治方法：用浓度3毫克/升的硫酸铜浸洗病鱼两小时，或用0.6毫克/升的硫酸铜全池泼洒。

⑯鲶盘虫病。

病原为单殖吸虫亚纲、锚首虫科、似盘钩虫属中的种类。

症状：病鱼摄食量减少，离群独游于水面，反应迟钝，呼吸急促，身体消瘦，体色发黑。肉眼检查可见病鱼鳃部肿胀，鳃丝黏液增多并附有污物。鲶盘虫主要寄生于鲶鱼鳃，也寄生于鲶鱼体表，主要危害7~10cm的苗种，流行于5~7月。

防治方法：

a.用0.2~0.3毫克/升的晶体敌百虫全池泼洒。

b.用20毫克/升的高锰酸钾浸洗病鱼30分钟，或用3毫克/升的晶体敌百虫浸洗1小时。

⑰绦虫病。

病原为华丽绦虫。

症状：病鱼解剖观察可见胃、肠内无食物，肠内有较多淡黄色黏液，绦虫即寄生在肠内。

防治方法：根据该寄生虫的生活史和大口鲇苗种培育情况，可采取如下防治措施。

a.投喂的水蚤要鲜而精，投喂前进行过滤、漂洗，除去杂质及大型甲壳类，并用0.03%的

食盐水浸泡消毒,以减少或杀灭绦虫的中间寄主。

b.投喂水蚯蚓前用晶体敌百虫浸泡处理,也可降低鲶鱼苗绦虫的感染率。1千克蚯蚓/1克晶体敌百虫,浸泡到蚯蚓出现萎缩为止。

c.发病鲶鱼用晶体敌百虫药饵(100千克饵料+60克晶体敌百虫),每天一次,连用3天。

⑱甲壳动物病。

病原为中华蚤或锚头蚤或日本鲺。

症状:这三种甲壳动物病通常分别发生在池养大口鲶亲本上。症状是鱼在水面游动不安,不时竖起尾鳍。网捕发现鱼体表和鳃部寄生有上述寄生虫。

防治方法:用晶体敌百虫溶液全池泼洒,使池水成0.4~0.5毫克/升的浓度。

⑲营养性鱼病。

病因为饵料原料单一,或缺乏某种营养物质或饵料腐败霉变等。

症状:表现为病鱼肝肿大、发黄,多腹水,胆囊肿大,胆汁变黑,胰脏颜色变浅。流行于3~5月。

防治方法:喂新鲜杂鱼等动物性饵料;改进饵料配方,增加维生素和矿物质添加剂用量。

30 成吉思汗鱼及其饲养

别名: 大白鲨、湄公河鱼

原产地及分布: 亚洲湄公河与湄南河流域

成鱼体长: 100.0~150.0 cm	**适宜温度:** 22.0℃~28.0℃
酸碱度: pH 5.0~7.5	**性格:** 有攻击性
活动水层: 中层	**繁殖方式:** 卵生

　　成吉思汗属于鲶形目巨鲶科,明显特征为高高的背鳍(背鳍第一棘条特别长),体形强悍,游速很快,嘴很宽大,需要大水体来饲养。

　　与蓝鲨饲养方法一样,比蓝鲨大胆很多。喜食小鱼、小虾,也可以吃人工饲料。体质强壮,不易得病。混养需注意,体形悬殊的会被之吞食!

31 血鹦鹉鱼及其饲养

别名: 血鹦鹉	**原产地及分布:** 杂交品种
成鱼体长: 17.0~20.0 cm	**适宜温度:** 23.0℃~28.0℃
酸碱度: pH 6.4~7.0	**硬度:** 3.0° N~16.0° N

性格: 温和	**活动水层:** 中层	**繁殖方式:** 卵生

　　血鹦鹉并不是一个自然的物种,而是由"红魔鬼"作为父本、"紫红火口"作为母本杂交而生,

不能繁殖后代。头部鲜红色，头顶有少许肉瘤，体色粉红色或血红色，体态丰满，满身透着红宝石般的光泽。

血鹦鹉强健壮硕，几乎什么都吃，像人工饵料、薄片、颗粒、红虫、丰年虾、水虱等等。对水质的适应力极强，从弱酸性到中性的水质都可良好的存活。

血红鹦鹉原产台湾，是由红魔鬼和紫红火口鱼杂交而成。鹦鹉鱼的来历原来是商业机密。据说是台湾的蔡建发偶然将红魔鬼和紫红火口杂交得到。但由于鹦鹉鱼是不同品种间的杂交种，所以雄性血鹦鹉是不具备生殖能力的。鱼卵的染色体无法整齐配对，所以胚胎不能发育成为仔鱼。用雄性的火口、红魔鬼为鹦鹉卵受精，理论上应该是可以的。有些雌鹦鹉还能和罗汉杂交。鹦鹉鱼在仔鱼时期并不具有成年鹦鹉的形态，三周后仔鱼的外形才会逐渐变化：头部隆起，身体变圆，体色也由黑变灰慢慢变红。寿命可达4～5年，但3年以后的鹦鹉鱼生理机能就会出现衰老症状，失去观赏和商品价值。

≫ 血红鹦鹉的养殖入门基础

特征：体长10～12cm。体宽厚，体呈椭圆形。幼鱼期体色灰白，成年鱼体体态臃肿，粉红或血红色。

血红鹦鹉饲养特点：性情温和，可与其他品种混养。饲养水温22℃～28℃，需弱酸性软水，喜清澈水质。爱食小型活食，也可食人工合成饲料。活动于中下层水域。它就像一个垃圾桶一样，什么都来者不拒，照单全收，而且总是整天地吃个不停。加上它们对水质的适应力极强，从弱酸性到中性的水质都可良好的存活，所以要养活它们很容易。

由于血鹦鹉是两种不同物种杂交所产生的新物种，所以它们自身是无法繁殖后代的，大家就不要枉费心机了，要得到血鹦鹉，只能买进红魔鬼和紫红火口鱼来杂交了。所以血鹦鹉也表现出极强的不确定性和多样性，于是就出现了血鹦鹉、紫鹦鹉、金刚鹦鹉、罗汉鹦鹉、红白鹦鹉、斑马鹦鹉、花鹦鹉等等好多种品种。在饲养管理方面，除了一般的中南美慈鲷科鱼类应该注意的事项相当之外，还有一些特有的专属于它的特点。例如，在幼鱼时期剪去尾部成为"一颗心"的无尾血鹦鹉；剪去部分鱼鳍的"独角"血鹦鹉；注射色素的"紫鹦鹉"，都是典型的例子。当然，经过选种和育种的培养，体型特大的"金刚鹦鹉"也是一个重要的"品种"。

在饲养的水质和管理方法上，应特别注意。

①水质的管理。

水质的管理承袭和一般的中南美洲慈鲷所需要的生长条件一般，血鹦鹉也是需要弱性且硬度较低的水质。但是，因为血鹦鹉先天有嘴部无法愈合的情况（尤其是特A级和A级的血鹦鹉），在引入水流经过鳃部以供呼吸所需的能力上就少了一半。因此，鳃部的呼吸作用成了明显的"致命伤"！一旦鳃部受伤或是吸取氧气的过程不顺逐，会直接影响血鹦鹉的生理健康。也因此，饲养血鹦鹉时需要较其他的鱼类维持更优良的水质和提供更充足的氧气。尤其是降低水中的溶解的养分（避免优养化），避免细菌大量滋生和引起鳃部疾病，维持鳃部细胞有效地吸收氧气的能力，相形之下变得相当的重要；至于充气打气方面，除了选用效率较高的打气马达之外，还要为夏天容易停电的地区准备不断气的打气系统，以便应付不时之需。

②温度控制。

血鹦鹉是对温度相当"敏感"的鱼种，重点并不是在于鱼体对温度的适应性相当差，而是因为在低水温和水温变动剧烈的情况下，容易因为生理的反应而失去鲜艳的体色，更甚者会出现黑色的条纹或是斑纹。使用加温器提升水温在25℃~28℃的范围内，便可使鱼只呈现亮丽的体色并充满活力。而在低水温中生活过久的鱼只不但健康状况差得可怜，且容易生病、死亡，相信这都不是玩家们所乐见的。

③饲养和饵料的选取。

血鹦鹉饲料和饵料的选取早期的坊间流传："血鹦鹉要吃虾子，体色才会红润！"这观念是相当正确的。因为虾子体内的"虾红素"可促进血鹦鹉显扬体色，若能充分地摄取虾红素，血鹦鹉的体色鲜红欲滴是指日可待的。但是，现在已经不用这么麻烦了，许多坊间可获得血鹦鹉的专用饲料中添加了虾红素和"β－类胡萝卜素"的饲料，直接投喂就可让血鹦鹉的体色维持在艳红色的情况下。

④混养的诀窍。

许多家庭布置的水族箱，喜欢单养一群血鹦鹉，看一群健康的血鹦鹉在水族箱中群泳是一幕壮观感人的景色。但是，有另一群人喜欢混养的水族箱，这也是萝卜青菜各有所爱。在混养的鱼种选择上，强烈建议还是选取一些中南美洲的慈鲷来得合适！尤其是一些中大型的慈鲷，会较身体柔弱且游动缓慢的慈鲷来得合适。因为血鹦鹉的体型近似三角形且无法合拢的嘴型，使攻击性降低（仅能冲击无法撕咬），可以选择金菠萝、黑云、红珍珠关刀及珍珠火口一类的鱼来搭配，除了有多样化的体色搭配之外，还能在某种平衡之下，达到和平共存的境界。

⑤水中的造景。

对于这些体色通红且颜色单一的鱼类来说，水中的造景除了颜色的搭配和避免使用植物为造景材料之外，还需要考量鱼体冲撞的力量，因此造景的坚固性也是必需的！许多值得一提的造景提供给读者参考，其一是沉木或是长大的墨丝的沉木，大都摆放在水族箱的正中央，和血鹦鹉的鲜红色搭配起来，有更强烈的对比效果；其二是以木化石或岩石叠出来的水中造景。常会在水族箱中以单一或是多个石堆的方式摆设，当然，水族箱够大才会有较多的选择和变化。

⑥其他。

剩下的就是饲养者的心态问题了。虽然在必备的生长条件置妥之后，并不需要太多的照顾，但是，有耐心地定期换水，检视水族箱中的配备，细心地观察水中血鹦鹉的健康状况，都是得花费一些精神和时间的。

红色代表着吉祥、喜庆，因此红色的观赏鱼——血鹦鹉备受人们喜爱。可是，为什么鱼刚买回来时体色鲜艳，养一段时间后，颜色就渐渐变浅了呢？

因为血鹦鹉是一种对温度相当"敏感"的鱼种，重点并不是在于鱼体对温度的适应性差，而是因为在低水温和水温变动剧烈的情况下，容易因为生理的反应而失去鲜艳的体色，更有甚者会出现黑色的条纹或是斑纹。

因此，要想让血鹦鹉呈现艳丽的体色和充满活力，水温一定要控制在26℃～27℃。如果长期让血鹦鹉生活在低水温的环境中，不仅会影响它的体色，还容易导致它生病甚至死亡。

饲料要选专用的

要想使血鹦鹉保持鲜亮的体色，喂食也很重要。现在一般卖观赏鱼的市场上都有出售血鹦鹉专用的饲料，这些专用饲料中加入了增红的成分，只要直接喂食就可使血鹦鹉的体色维持在艳红色的状态下。

水质清洁很重要

要想饲养好血鹦鹉，一定要维持优良的水质，以避免水中细菌滋生而影响鱼的健康。因此要经常清理鱼缸中的粪便，一般可每隔3天至4天清理一次，还要适时为鱼换水，不让水处于浑浊的状态。

血红鹦鹉饲养数量不宜多

血鹦鹉性格比较活跃，喜欢玩耍，需要一个比较宽松的生存空间。因此，鱼缸中所养的数量不宜过多。以80cm的缸为例，要是大些的鱼可以养10对左右；如是小些的鱼可以适当再多养几对。

铺设景观没必要

现在，许多人都喜欢为鱼缸布景，但对于饲养血鹦鹉来说是没有多大必要的。这主要是同此种鱼的习性有关。它性情活跃，喜欢钻底，而且它的冲撞力也相对大一些，布好的景观很容易被它破坏掉，不利于观赏。

关于鹦鹉鱼胆小的问题

经常有鱼友反映鹦鹉胆小怕人，特别是刚买回来的鹦鹉，一来人就吓得跑到缸角或是隐蔽物后，哆哆嗦嗦的，看起来一点不爽。这是鹦鹉的天性，适应环境后慢慢会好转。单品种群养能很快适应环境，而和大型凶猛鱼类混养，同种鱼太少就比较难改变这种状况。要想尽快改善这种局面，最好不要让它们吃饱，总保持它们的饥饿状态，就会追人了。另外举止要轻柔，不要拍缸或是在鱼缸跟前挥舞什么大东西，把它们吓多了就更怕人了。主要一点就是经常接触人，习惯了就好了。喂食的时候，刚入缸的鹦鹉胆小，不敢到水面上来吃颗粒饲料，可以先喂血虫、河虾等沉水食物，慢慢的等鹦鹉胆大了喂什么都行了。

32 金菠萝鱼及其饲养

别名：庄严丽鱼、眼斑花鲈、英丽鱼、西付罗鱼

原产地及分布：南美洲圭亚那、亚马逊河流域。

成鱼体长：25.0~30.0 cm	**适宜温度：**25.0℃~30.0℃
酸碱度：pH 6.0~7.5	**硬度：**4.0° N~18.0° N

性格：温和　　**活动水层：**中层　　**繁殖方式：**卵生

金菠萝鱼呈椭圆形，体色金黄，头部有红色花纹。眼大，口小，眼虹膜呈金红色。幼鱼呈黄白色，并不起眼，但随着成长过程逐渐呈现金黄的色彩及红色的圆珠点和斑纹煞是迷人，深深吸引鱼迷。

雄鱼体侧有红色小点组成的纵条纹，呈菠萝纹状排列；雌鱼体型略小于雄鱼，色彩稍呈淡白色。金菠萝对水质的要求不是很严，最适合生长于水温为20℃~25℃，pH7~7.2。杂食性，适合在有水草和沉木的水族箱中，可以和同样大小温和的鱼混养，爱在水族箱中底部活动。平时性情安静温和，但在发情期和极度饥饿时性情变得暴躁，具有攻击性。喜好吃红线虫、水蚯蚓。成鱼最好以血虫或水蚯蚓喂养。如只喂水蚤等小型鱼虫，会使其营养不良，发育迟缓，导致成为僵鱼。所以，一旦长至4cm以上，一定要喂以大型鱼虫。

✺ 养金菠萝鱼需要注意的几个方面

①幼鱼的挑选：菠萝有很多品种，就金菠萝而言，品质也有很大差异，这就要求我们在挑选金菠萝幼鱼时要注意一些问题。

一是要挑选颜色黄的幼鱼，就一窝鱼中，越黄越好，不要挑选那些体色发白的幼鱼，那样的鱼前途不大，挑选时最好关掉灯，在自然光下挑选，这样准确。

二是要挑选身体短圆的菠萝，不要选长的，圆的长大后好看，长的不好看。

三是要选一窝中体型大的菠萝，不要选小的，大的往往是公鱼，长大后颜色鲜艳，而且幼鱼大的往往能长很大，小的长不到那么大。所以你要是坚持饲养一窝菠萝的话，你会发现它们长大后体型相差很大，有的可以长到很大，有的则比较小，不像一窝鹦鹉长得那么整齐。

②幼鱼的饲养：菠萝幼鱼的饲养比成鱼难，有鱼友说他买的小菠萝老是养不到一个礼拜就死了，这是因为菠萝幼鱼的抗病能力比较差的缘故。3cm以下的幼鱼饲养要注意哪些问题呢，就经验来看，要注意几个方面。

一是水质。对水质要求不严，要求宽大水体和砂石、水草的环境，爱在水下层游动，喜食活饵、切碎的蚯蚓等。一般情况下性情温和，但在饥饿或繁殖等需要大量营养时，也会袭击小鱼，宜和体型较大的鱼混养。菠萝幼鱼抗病力差，要保证高成活率，饲养菠萝的水最好用"黄粉水"。所谓"黄粉水"是指按使用剂量在饲养水中加入黄粉（就是呋喃西林类药），使水色保持微黄，并适当加盐，实践证明，小菠萝养在黄粉水中患病几率很小，几乎就不患病，而养在普通水中就很容易患病，尤其是血鳍症（菠萝鳍发红充血，倒鳍归并）。

二是水温。菠萝幼鱼喜欢比较高的水温，最好保持在27℃～30℃，在这个水温菠萝不仅生长快，而且不易患白点病。小菠萝爱患白点病，不少人在鱼患白点病后才来加温，结果事倍功半，所以购买小菠萝的最佳时机是5、6月份，等到秋天冷的时候菠萝已经长大了，不然的话你就得多费电。

三是饲料。小菠萝不爱吃人工饲料，即使吃也长得慢。有的鱼友喜欢用红线虫喂小菠萝，虽然长得飞快，但是很不卫生，容易患血鳍症和白点病，不是个好办法。有经济实力的鱼友可以用冰冻血虫喂小菠萝，效果很好，就是贵点儿。据经验，有一个好办法，就是用鱼卵喂小菠萝。鲫鱼、鲤鱼或者草鱼的卵都行，在市场上买这些食用鱼回家，在剖杀时留下鱼卵，特别是有时一尾鲤鱼就有很大一包卵，把卵放在碗里，用80℃水烫一下，然后放在冰箱冷藏室里，喂的时候用勺子喂，实践证明，小菠萝很爱吃鱼卵，生长快，也利于发色。

③成鱼的饲养：菠萝成鱼相对不易患病，但是饲养时也很重要，要注意一些问题，否则难以养出好品相的菠萝。

一是水质。大菠萝对水质适应能力较强，不像鹦鹉要求那么高，但是也要注意保持它喜欢的水质才会养出色泽黄艳的鱼，大菠萝喜欢弱酸性软水，同鹦鹉，注意不要用碱性或硬水养菠萝，否则菠萝的颜色会发白，不黄。

二是水温。大菠萝要求的水温没有幼鱼那么高，从22℃~30℃都可以生长良好，但是要想菠萝生长快一些的话，还是保持在26℃以上为好。

三是饲料。大菠萝对饲料的要求没有小菠萝那么挑剔，人工颗粒饲料、血虫、鱼卵、虾、面包虫、鸡鸭肝脏等都肯摄食，而且往往吃得很饱，可以吃很多，但是大菠萝最爱吃面包虫，吃面包虫也长得最快。

四是发色。菠萝养到6cm就要开始注意发色了，不要等养到十几厘米再来发色就晚了些。菠萝发色和鹦鹉有所不同。鹦鹉发色是增红，而菠萝发色既增红，也增黄。发色的饲料主要可以用：鱼卵（增黄）、河虾（增红增艳）、人工增色饲料（如宝增红）。长期坚持喂鱼卵的菠萝比一般的菠萝体色要黄，河虾则对菠萝的红眼圈和身上的红斑纹有很强的增艳作用，一尾十几厘米还不出红纹的菠萝，你只要坚持天天喂河虾，不出一个月，脸部和腹鳍殿鳍就会变得红艳动人。

五是混养。菠萝属于温顺的大型鱼，注意不要和一些过于凶猛的大型鱼（比如罗汉、红魔鬼）混养，否则菠萝的鳍会被反复撕裂而无法复原，会大大降低观赏价值。

33 腭雀鳝鱼及其饲养

别名：大雀鳝、福鳄、黑猛

原产地及分布：墨西哥到美国佛罗里达州的墨西哥湾沿岸河流和河口水域，密苏里河和俄亥俄河下游及尼加拉瓜境内的两个湖泊

成鱼体长： 305.0 cm	**适宜温度：** 25.0℃~30.0℃
活动水层： 中层	**繁殖方式：** 卵生

鳄雀鳝是一种古老的鱼类，已经在地球上存在了一亿年，它们在美国东南部的河流、溪流和海湾中自由徜徉。它的名字来自它跟鳄鱼一样的短吻和两排匕首般锋利的牙齿。它是最大的一种雀

鳝，体重可达135公斤。

用轮竿钓上来的鳄雀鳝的世界纪录是126公斤，由比尔·弗尔瓦德于1951年在得克萨斯州钓获。雀鳝的长满利牙的大口及它在吞饵前喜欢拖着游一段距离的习惯，使得它很难上钩。因此，许多渔人更喜欢用渔叉来捕猎，不用"大浮钓"法来钓取。

鳄雀鳝的形态特点

鳄雀鳝跟它的大部分近亲不同，鳄雀鳝能呼吸空气，能在离开水的情况下存活长达两小时。它的身体覆盖着一层菱形釉层的硬磷，像是穿着钢盔铁甲，有人夸张地形容说，用斧子砍上去会冒火花。

鳄雀鳝的现状

鳄雀鳝被指控有凶残攻击人类的罪行，大部分发生在路易斯安那州的庞恰特雷恩湖中。《新奥尔良报》曾发表文章称鳄雀鳝对人类生命的威胁大于"食人鲨"。但是事实上并没有多少证据表明这种鱼类确实对人类具有攻击性，因此人们开始考虑，是否这种被指控的鳄雀鳝攻击人类的罪行实际上是由另一种有着真实攻击记录的生物——美洲鳄造成的。

德克萨斯州"公园和野生动物局"发放许可证，允许商业性捕鱼。雀鳝鱼肉味鲜美，但加工起来不容易，宰杀雀鳝需要一把砍刀、一把剪金属薄片用的平头剪和一把大号的鱼片刀，人们甚至开玩笑说要用链锯来剖开它。

34 六角恐龙鱼及其饲养

别名： 墨西哥火蜥蜴、墨西哥虎蝾

原产地及分布： 天然的分布区域在墨西哥市南方从索奇米
　　　　　　　　尔可到查尔歌附近

属： 钝口蝾科，钝口蝾科还包括了数种近缘种在内

成鱼体长： 23~30cm，最长47cm

　　六角恐龙是两栖动物中很有名的"幼体成熟"种（从出生到性成熟产卵为止，均为幼体的形态），幼体终其一生都在水中生活，也在水中产卵。而它们的野外生活模式至今仍是个谜。

　　六角恐龙被饲养的历史已经超过百年，主要作为内分泌等实验的活体使用，所以有关它们饲养及繁殖等方面的研究差不多已经完全确立了，如今要见到它们的踪影可以到水族宠物店走一走。多变的体色也是它们的魅力之一，据说全世界有超过30种。常见到的有普通体色、白化种（黑眼）、白化种（白眼）、金黄体色（白眼）和全黑个体，普通体色和其他体色个体交配产下的第一子代就是大家所熟知的虎斑六角恐龙。

　　六角恐龙的肺在后肢完全发育后再发育。通常，成长过程根据不同的温度和饲喂情况在18个月至两年之间。雄性性成熟要略早于雌性。成熟的雌性个体由于体内存在若干的卵而显得比雄性个体圆，而雄性个体的泄殖腔部位要比雌性显得肿胀。白色、金色和白化的个体成熟后指尖颜色变深，野生型和黑色个体指尖颜色变淡，但不如浅色个体的特征容易分辨。雄性个体成熟之后，约2~3个月才形成精子，两个月之后精子才达到输精管，此时方可交配。

　　每一个个体需要至少45cm长度的空间，水深不少于15cm，不要有水流。pH6.5~8之间，最佳为pH7.4~7.6。六角恐龙喜欢硬水，如果生活地区的水质偏软，可通过添加盐来调节。垫材用直径2cm以上石子（保证不至于误食）或者细砂（吃了就吃了，不至于排不出去），石子优于砂子，可以让六角恐龙抓紧水底。可以使用自然光线，也可以按照水族箱的布置加个灯。温度在14℃~20℃之间，避免剧烈变化，最佳温度16℃~18℃。请勿与其他水生动物混养，也不要将六角恐龙个体混养。

六角恐龙不能咀嚼，只能吞咽。因此，食物的大小应该与个体大小相匹配。像蚯蚓、红虫、水蚤。

推荐原因：以上食物并非唯一选择。

大小、成分合适的动物性的鱼粮和龟粮也可以投喂。

①足够软；

②你的六角恐龙接受死食；

③六角恐龙不是栖息在水的顶层的鱼类，对漂浮性饲料需要适应。

🔅 繁殖

为了健康，不要让18个月以下的六角恐龙繁殖，尤其是雌性个体，避免对机体造成伤害。

自然法：在有窗的房间中饲养，使其接受自然的光周期变化，辅助以季节性温度变化，六角恐龙将在冬季和春季繁殖。

光周期法：对六角恐龙进行几周的人工短日照处理，之后逐渐延长光周期。

温度法：20℃~22℃饲养几周，温度降至12℃~14℃。此法对雄性作用比对雌性明显。

繁殖环境：水中种植植物或塑料植物供雌性产卵，水底放置表面粗糙的岩石供雄性固定精囊。将雌雄个体同时放入。雄性释放5~25个精囊，雌性将在几小时到两天之后产卵。产卵后将雌雄个体移出。卵将在2~3周后孵化（20℃，17天）。为保持水中的溶氧量，可使用气泵，但应避免产生剧烈的水流。

35 清道夫鱼及其饲养

别名: 吸盘鱼、琵琶鱼　　　　　**性格:** 温和

原产地及分布: 巴西、委内瑞拉

成鱼体长: 45.0~52.0 cm　　　　**适宜温度:** 22.0℃~28.0℃

酸碱度: pH 6.4~7.6　　　　　　**硬度:** 10.0°N~25.0°N

活动水层: 底层　　　　　　　　**繁殖方式:** 卵生

　　清道夫鱼体呈半圆筒形,侧宽,尾鳍呈浅叉形,口下位,背绪宽大,腹部扁平,左右腹鳍相连形成圆扇形吸盘。从腹面看,很像一个小琵琶,故又称为琵琶鱼。鱼体呈黯褐色,体上布满黑色斑点。

　　清道夫体格健壮,适应性强,容易饲养。喜欢弱酸性软水。经常吸附在水族箱壁或水草上,舔食青苔,使人认为它是水族箱里最好的"清道夫"。同类之间有时发生争斗,可与大型热带鱼混养。此鱼长大后会吸咬底层小鱼或死鱼。

　　雌雄鉴别困难,性成熟的雌鱼腹部比雄鱼略膨胀。

　　清道夫是杂食鱼类,吸食藻类、底栖动物和水中的垃圾,也能大量吞食鱼卵和鱼苗。在水族箱中常吸附在石块上、玻璃上稳定身体和吸食藻类,也寻觅底栖动物(如水蚯蚓),是水族箱中忠实的清道夫。属夜行性鱼类,可与健康的品种鱼混养。它并不吃鱼饲料,而是在鱼缸的底面和侧面游来游去。它游过的地方都特别的干净。清道夫的嘴像吸尘器一样,把鱼粪、绿色的植物统统吸到了肚子里。它嘴里还含着一个气泡,这个气泡里是氧气,这样就可以使它在水里的时间变长,让它可以吃到更多的"食物"了。怪不得它叫清道夫呢! 清道夫以鱼类排泄物、海藻、细菌、饲料渣为主要食物。清道夫长大以后食量很大,经常吞食落在缸底的鱼食、鱼虫,更会吞食鱼卵,甚至吸咬七彩,需要注意。

　　大家饲养它们当然是为了它们能将水族箱里的残饵、污物消灭掉。但是实际情况是不是能让大家满意呢? 对不起答案是否定的。它们绝对不是吃眼前亏的家伙。当有营养而且美味的汉堡、鱼虫

放到它们眼前的时候，它们是绝对不会看上那些残饵污物的，哪怕只一眼。同时，作为清道夫它们绝对不能说是很好的品种。它们会啃咬水草，它会将它们咬得像渔网一样。

另外，它们会袭击其他鱼儿，尤其是七彩。它们会附在七彩的身体上啃咬它们的鳞片。实际上这种鱼并不适合作为清道夫，虽然它们叫清道夫。所以不要将它们当清道夫饲养还是要安全得多。

清道夫鱼繁殖季节一般是在春夏两季。雌鱼所产的卵可群集形成长9m、宽3m的凝胶质的片状卵群，这样的卵群可在海面上漂浮直到孵化出幼体。刚孵化的琵琶鱼幼体由一层凝胶质的外膜包裹，可以起到保护作用。幼鱼不论雌雄都在海水表面生长发育，以浮游生物为食，所以幼鱼还没有"钓竿"结构。等到发育至一定程度，雄鱼就会选择一条合适的雌鱼，咬破雌鱼腹部的组织并贴附在上面。而雌鱼的组织生长迅速，很快就可包裹住雄鱼。最后，雌鱼带着寄生在自己体内的雄鱼一齐沉入海底，开始它们夫妻的"二鱼世界"的底栖生活。

02

观赏鱼养殖技术和设备

热带鱼养殖的相关知识

①水质。

城市里的人饲养热带鱼多用自来水，基本上属于中性水，其硬度、酸碱度都符合饲养热带鱼的要求，所以在这方面不必过多地担心。但是，自来水用来饲养热带鱼时，必须除掉其中的氯气。

主要方法是晾晒法、化学法。

晾晒法即在烈日下晒两天，或者在背光处晾4～6天才可使用。

化学法即用硫代硫酸钠除氯，其比例为每10公斤水加1克硫代硫酸钠，搅拌溶解后，即可使用。

②换水。

热带鱼不断排泄粪便，水中残留的饵料也在不断地氧化和腐烂，所有这些都会产生有害物质，使水质变坏，影响热带鱼正常呼吸，使鱼患病以至死亡。所以要经常地及时给热带鱼换水，以保持水质清新，使鱼能正常地生长。

换水。分部分换水和全部换水。

部分换水又叫"兑水"，就是用虹吸管将鱼缸底的鱼粪便、残饵料及其他污物吸出。吸水量以缸内水量的四分之一左右为宜，大鱼缸则可少吸一定的比例，总之要视具体情况而定。脏水吸出后，要加入同量、同温的经过晾晒或化学除氯的新水，若水温低，可加开水或用加热器将水加热至缸里水温时为止，再将新水兑入缸内。兑水的次数以秋冬季每周两次为宜；春夏季每周三次为宜。

全部换水是缸里污物较多，水草和底砂需要重新清洗时所应进行的，全部换水应将鱼缸里所有设备全部取出，将水草拿出，将鱼全部捞出，暂时放在与原水同温的其他容器里，用海绵或纱布将缸壁及缸底擦洗干净，然后将水全部吸出。必要时再用少量浓盐水清洗一遍，再用清水冲洗一遍。底砂及水草都应清洗一遍，底砂最好用浓盐水洗一遍，然后冲净，再重新装缸。加入新水后要等2~3天再将鱼重新放进缸里，即使是经过化学处理的水，最好也不要立即将鱼放进去，以免新水对鱼刺激太大而发生意外。

全部换水的次数以3~4个月一次为宜，但若水质发生变化则应随时换水。

③水温。

温度是热带鱼生存的最重要的条件，热带鱼是狭温性动物，它们对温度是极为敏感的。如果温度不适宜，它们很快就会死亡。热带鱼生活的水温应以20℃~30℃为宜。但不同种类的热带鱼，对水温的要求是有差异的，如孔雀鱼、剑尾鱼可以忍耐10℃左右的低温，七彩神仙鱼、虎皮鱼等在低于18℃时便会死亡。所以，要饲养好热带鱼，就必须控制好水温，使之适合热带鱼的生长。大多数热带鱼的生长水温以20℃~24℃为宜；繁殖水温以25℃~28℃为宜，昼夜不应超过4℃，否则就会影响热带鱼的生长。繁殖时的水温应保持恒定，这样会更有利于亲鱼的生产、鱼卵的孵化和幼鱼的生长。

④氧气。

热带鱼生长所需的氧气是通过其鳃部的微血管吸收水中的溶解氧来进行的，再通过血液循环带到鱼体各部位。它们排出的二氧化碳也是通过其鳃部的微血管进行的。水中溶解氧含量多少是热带鱼生长好环的重要标志。若水中的溶解氧变少，热带鱼就会浮到水面，发生"浮头"现象；若水中溶解氧严重缺少时，热带鱼就会因窒息而死亡。

水中溶解氧的来源，一是靠空气中的氧溶解于水，空气与水面接触面越大，水中溶氧量就会越多，所以水表层的水膜要经常清除，以增加水与空气的接触；二是水生植物光合作用所产生的氧，所以要使水中含氧量增加，就应该在鱼缸里种植一定数量的水草，并及时清除鱼粪便和残余饲料杂物，经常换水，也是增加水中溶解氧的重要方法。溶解氧的含量与水温成反比，水温高，则溶解氧含量少，水温低，则溶解氧含量多，而热带鱼又要求较高的水温，所以用气泵往水里充气是缓解这一矛盾的好办法。鱼的放养密度则是溶解氧是否够用的关键问题，如果水多鱼少，溶解氧就够用，反之，则会发生缺氧。这也不是绝对的，还要看其他方面的因素，要根据每个鱼缸的具体情况决定热带鱼的放养密度。

⑤光线。

光线对于热带鱼也是十分重要的，对于饲养热带鱼主要有三个方面的作用。光是所有植物进行光合作用的最主要因素。没有光，水草就无法进行光合作用，但是也有一定的限度，光线过强，水草的枝叶就会生长绿苔，影响水草的光合作用。但是光线过弱或者光照时间过短，水草的枝叶就会因光合作用太少而变黄甚至枯死，在有阳光的房间摆设鱼缸，最好在早晚阳光不太充足时，各接受一小时左右的阳光照射，如果在没有阳光的房间摆设鱼缸，就应该采用灯光照射水草，用60w的白炽灯泡或者40w日光灯每天照6小时。热带鱼的生长繁殖也需要光照，光照可以使热带鱼生长得更快，使鱼体更加绚丽多彩，使鱼的繁殖周期缩短。热带鱼所需光照时间及强度可与水草相同。光照的第二个作用是便于我们观赏。没有光或者光线过弱，我们就无法看清鱼缸里的景物，也就无法观赏了。

常用计算单位

在水族养殖过程中常会碰到不少计量单位，如水族箱体积计算，用药剂量、浓度等等，对于有一定化学基础的鱼友来说这些并不是问题，不过我看到过一些朋友由于对这些日常很少用的单位一筹莫展，因而无法正确使用药剂或是选择了不合适的器材，甚至造成不必要的损失。以下对一些常用的单位进行简单的介绍，希望对有这些问题的朋友能有所帮助。

①体积单位。

公升（L）是国际标准的体积计量单位，一公升等于千分之一立方米。我们通常也以公升作为水族箱的体积计量单位，如果用cm（cm）作为长度单位，普通的方形水族箱容积=长×宽×高÷1000，而圆柱形的水族箱容积=半径×半径×水位高度×3.14÷1000，得出的结果即为水族箱的公升数。一般一公升淡水大约有1公斤重，海水略重一点，不过粗略的计算也可以1公斤计。

在药物使用中我们通常使用更小的体积单位——毫升（ml），1毫升等于千分之一升。还有一种粗略的计算方法：自然滴落的水滴大约18滴为1毫升，也就是说往鱼缸里滴18滴药剂大约就是1毫升。

另外一些进口药剂和器材还使用出口国的单位，常见的是加仑（GALLON）和盎司（OUNCE）。加仑又有英制和美制之分，英制1加仑等于4.546公升，美制1加仑等于3.785公升，应注意区别。盎司其实不是体积单位，而是重量单位，1盎司约等于28.35克，有的厂商喜欢用它做药剂的计量单位。

②浓度单位。

许多养鱼的工具书中都会用到ppm这个浓度单位作为药物的浓度计量，ppm是英语"part per million"的缩写，意为"百万分之"。这里先说一下毫克（mg）的概念，1毫克等于千分之一克。1ppm就相当于在一公升水中加入1毫克的药物的浓度，即1ppm=1毫克/公升，以此类推，在100公升的水体中加入100毫克也就是0.1克的药物，浓度即为1ppm。

③水泵单位。

在购买水泵时常有这样的问题，就是买多大的水泵好。一般水泵的生产厂商都会在水泵上的标签中注明水泵的流量和扬程，流量的单位是"公升/每小时"（L/H或L/Hr），就是每小时水泵的排水量；扬程的符号是Hmax，单位是m，即水泵可以把水提升的最大高度，要注意的是这个高度是从水源的水面开始计算的，而不是从水泵的出水口。如果水泵是用来制造循环水流或带动除滴流式和上部式以外的过滤器的，那么一般只要考虑流量就可以了；而要带动上述两种过滤器的话还要考虑水泵的扬程，因为水流量相应水被提升的高度而减小。

除了上述的，水族学还用到相当多的概念，如比重、渗透压、电导度等等，不过应用到这些东西的器材一般都可以很方便的读数或完全自动化，不需要另外的操作和换算。

新手玩家上路指南

选缸

要选压克力缸还是玻璃缸？玻璃缸的好处是对光的折射性较佳，表面也不易被刮花，但粘贴不好的玻璃缸会有爆缸或渗水的现象发生。一体成形的压力缸就解决了上述玻璃缸的缺点，但却有折射性较差、表面易被刮花的缺点。

至于要选购多大尺寸？鱼缸的尺寸是以"尺"为单位，一尺约等于30公分，一般家庭的水族缸多是66cm长、30cm宽、36cm高，水量约60公升。至于99cm的标准缸是99cm长、45cm宽、60cm高，水量约240公升。

当然你的鱼会希望鱼缸越大越好，尤其是热带海水鱼；大的鱼缸也能稳定水中的环境，能缓冲水中任何突来的环境变异。所以能维持一尺缸的自然生态者，当其操作三尺缸时必觉得驾轻就熟。

放底砂

首先，要选择底砂，不要小看底砂的重要性，不同的底砂往往可以决定鱼缸是否可以设成。

若你饲养的是热带海水鱼或热带淡水鱼中需要硬度水质的鱼种，要选用珊瑚砂。但是若要设成水草缸，则矽砂、黑金砂会是很好的选择，因为矽砂的颗粒大小很适合水草扎根，不至于使水草浮起，且适合水草的根部发展。

选择好底砂后只有洗干净才可以放入，若忽略这个动作，以后设成新缸后水中的杂质会很多，一直换水也弄不干净，所以，与其日后事倍功半，还不如在将底砂放入前就将底砂洗干净。底砂的铺法是前方铺得低一点，后方则需要高一点，以建立层次感。当然，如果喜欢其他不同的造型也可以，例如左高右低的造景也是不错的选择。

另外，如果你有种植水草，为了使水草能发育良好，可以先倒入2/3的底砂并在砂中拌入基肥，拌好之后再将其余1/3的底砂覆盖上去。覆盖上去后就准备要加水了，不过请注意，如果您要将水直接加入必定会冲到刚刚铺好的底砂，而使得基肥外露。所以建议在底砂上面放一个盆子，将水直接注到盆子中，如此就能避免。步骤进行到此，可以说已经完成了1/3了。

调海水素

如果饲养的是海水鱼，那一定要调海水素，大自然的海水中一公升的水中有35克的盐分，您可以购买海水素在家自己调配，在一公升的水中加入35克的盐。

加完之后须搅拌均匀，等海盐完全溶解后用比重计测量比重，若此时的比重在1.020～1.024 之间就可以到入鱼缸了。但若在1.020以下则表示您的海盐加得不够，或是海盐尚未在水中完全溶解；若是比重在1.024之上则表示海盐加太多了，需要再多加一点水去搅拌。

常有新手会以家中的食盐来充当海盐，其实食盐成分中在人工的添加下已加入大量"碘"， 并缺乏部分元素 （现在的海水素大多都会加重一些元素，以利无脊椎动物的饲养），且以平均每克来计算，食用盐并不会便宜，所以还是跑一趟水族馆吧。

开始布置

每个人的审美观不同，对鱼缸的布置当然是随个人喜好而异。

装饰品

有些人喜欢在鱼缸中放入装饰品来建构其理想的世界，装饰品的种类非常多，甚至可以拿来当玩具的都有。而一般较水有准的水族布景，是利用装饰品布置成农家的景象，如果布置得宜，很容易使人产生遐想而融入其中呢！

有些人嫌种植水草麻烦，而用塑胶水草，其实目前市面上的塑胶水草很多都制作精良，若没有仔细看还真分不出来。

水草

矮小的前景草当然要布置在前面，通常前景草对光源的需求量较高，所以应尽量放在有较多光照的地方。在布置上要切记一点：大自然中的矮种水草，是靠近岸边生长，并没有大型的后景草遮盖住，故得以吸收大量的太阳光。所以，当您在布置时要注意前景草上方是否有阻碍光源的水草，以免需光性高、价格又不便宜的前景草枯死。

后景草长得较为高大，为了让视线能够延伸至缸中的任何一个地方，后景草理所当然地成为背景，且以水草作为背景来替代背景贴纸实在是美观多了。

沉木

除了布景需要看起来具有原始风味外，还可以提供给鱼儿暂时避难的场所，而由沉木架起的空间甚至成为鱼儿爱的小窝，在其中产卵繁殖下一代。另外，沉木可以在水中慢慢地释出腐殖质造成微酸及软性水质，对于大多数的热带淡水鱼有很大的帮助。

岩石

若要布置海水缸，岩礁是不可缺的，您可以在岩礁上放置珊瑚，并利用岩礁叠成具有层次美感的海底世界。若是淡水缸，可以用岩石来加强鱼缸中某一部位的重量感。当然，在好斗的丽鱼、贝鱼等缸中，必须放一些板岩或石块来让受追逐的鱼有躲避的空间。

软体

在岩礁缸中，若有不喜欢强光的珊瑚应将其置于岩礁下。至于海葵，会自己走到适合自己生存的地方，因为有些海葵不喜欢强光，所以在布置小丑鱼与海葵的生态缸时，要记得在缸中留下一点光线微弱的地方。

过滤器

将选好的过滤器视其形态安装好，沉水过滤器当然放在鱼缸中，圆筒外置过滤器则放在鱼缸外面，而滴流过滤器或上部过滤器则架于鱼缸之上。比较特别的气动式过滤器要接上空气泵；若鱼缸中装有底部浪板，也别忘了将它接上沉水马达。

安装过滤器没有什么诀窍，只是您应该放在您日后易于清洗过滤棉的地方，并注意过滤器的电线是否有因为接触到鱼缸而有漏电的情形。

放好电灯

把买来的灯架好，基本上应把灯放在前面一点的地方，因为一方面可以供给前景草较多的光源，一方面在欣赏时也比较亮。当然，后方较暗的地方还可以供给比较容易受到惊吓的鱼儿一个可以躲藏的地方。

通常电灯的插头会接上定时器，您可以设定电灯自动开关的时间，除了可以养成鱼正常的生理时钟外，还可以省去需要准时开关灯的麻烦。

放好恒温器

恒温系统是指加温器及冷却机，放好之后若可以调节温度请将温度设定在24℃~28℃间。

要提醒新手的是，加温器要等它完全放入水中后才可以插上电源，以免加温器烧坏。而有些加温设备中有一个温度感测器，请千万记得把它放在水中，若是将它放在空气中，很容易因为感测不到水温，而不断地加温，直到整缸水煮沸。

放给气设备

基本上，过滤器所造成的水流扰动，或沉水过滤器外接空气管，将空气打入鱼缸中，对一般的鱼缸而言水中的溶氧量就已经足够。但如果饲养密度较高，或是饲养大型鱼只，可能就需要辅以空气泵，可以由空气泵外接一个塑胶管子，再接上一个气泡石放入水中，经过气泡石的空气会被击碎融入鱼缸中可以造成高溶氧量。

至于给予二氧化碳则是用于水草缸，全套设备包括：二氧化碳钢瓶、电磁阀、压力表、计泡器、止逆阀、扩散器。钢瓶上接压力表、电磁阀，电磁阀后接上计泡器、止逆阀，计泡器再接上放入水中的扩散器，扩散筒如果可以，请尽量放在缸中最深的地方。由于二氧化碳的全套设备并不便宜，新手若想省钱可以用增加换水的频率、增强光照、补充肥料的方式来弥补。部分玩家认为二氧化碳并不需要，不过一个发育良好的水草缸是需要打入二氧化碳的，但打入二氧化碳并不见得水草可以养得好，其他利于水草生长的要素也要同时并行才会有较好的成效。

建立硝化系统

辛苦设成的新缸是不是总有些鱼腥味，或者水质总是混浊的？或者放入什么鱼就死什么鱼？没错！硝化系统尚未建立。硝化细菌对一个鱼缸是最重要的，而硝化系统的建立也是最需要时间的。在硝化系统尚未完全建立之前，若贸然地将鱼放入鱼缸中，由于水中的有机物质无法完全地被分解，容易造成藻类横生的情形，也很容易使得娇嫩的鱼种因为水中有毒物质不断累积而死亡。所以水族玩家大都建议至少8周的时间才能放鱼，但是很少有新手能忍得了8周的时间，在此提供一个方法：可以向有养鱼的朋友借过滤棉，越旧越好，可以将旧的过滤棉在缸中搓洗，此时的水应成褐色而混浊，虽然看起来脏脏的，但不用担心，等过滤器一转，水就会澄清了，而硝化细菌便会开始附着在过滤棉或底砂上并开始繁殖，硝化系统便可以提早建立，到时您的鱼缸的水应是纯净透明而无异味了，接下来就该到水族馆里去选鱼啰。

鱼缸及设备要求

大家在进行设置水族箱的时候，往往走进一个误区，就是忽视根本的东西。一个鱼缸的好坏其实是很重要的。选择鱼缸时，必须考虑鱼缸的坚固度、形状、长度、宽度、高度及支架的支撑度。

◎坚固度

常用的水族缸有玻璃缸及压力缸等，为了承受巨大的水压，必须选择适宜的厚度才能制造出一个安全的水族缸，一般超过一米的鱼缸缸壁的厚度最好达到1cm，以此类推，当然如果选用成品的压力缸更好。

◎形状

常见的水族箱形状有长方形、正方形、圆形、多边形等，可依个人喜好、用途及家居环境来选择。

◎长度

水族箱的长度可依摆设的目的选择合适的尺寸，一般与灯管的尺寸配合可达到最好的效果及经济效益。

◎宽度

出于放灯管的考虑一般70～120cm的缸宽度应在40cm以上，最好60cm，这样即可以放下4套灯管又有深度便于造景。

◎高度

水位高度一般要在50～60cm，主要为光波的穿透力考虑！高于60cm会影响荧光灯的穿透力，金属卤素灯也要在67cm以下，再说太高的缸也不便于日后的维护（要把手伸下去的），当然低于50cm就影响整体美观了（2m以上的另论，但注意前景的选择）。

◎缸架的支撑度

水族箱的水体积为（长×宽×高÷1000）。一公升水等于一公斤，因此支架必须能支撑1.2到1.5倍水体积的重量才能确保安全（我们还要考虑以后放砂、石的因素）。

◎**底砂**

一般市售均为粗河砂，也可以用细河砂（以草为准：如太阳草）、黑金砂、白砂（容易脏），高级的如矽砂、硅砂、基肥砂等，注意只有水榕是可以在碱水中存活的，所以一般不能用珊瑚砂或其他碱性砂或石。

◎**过滤系统**

不出于价格和空间的考虑当然是越大越好，越多越好，因为这是最重要的环节之一，在有限的空间里挑选一套合适自己水族箱的过滤设备是很必要的，由于国内大多玩家的观念还没转变，所以暂不介绍顶尖设备！在此范围内推荐外置式过滤泵和内置式扬水马达相结合的组合，注意外置式的型号最好用比厂家推荐的大一号以上，1.8米以上的建议用两个。如果您有经济条件再加一套流沙过滤器，再把扬水马达改为"黑钻"就更好。

◎氧化碳

这是初级玩家很容易忽略的但又是很重要的一个环节,我们在初中的生物课上知道:

植物在白天(光合作用下)是吸收CO_2,释放O_2的,在晚上是相反的。

一般的CO_2浓度应该为 10~20的ppm才能符合水草的需要,当然不要过量(既会使鱼缺氧又会降低pH值)在此提醒您市售的所谓CO_2片剂和粉状发生器均无实际效果,且可能有负作用,只有使用CO_2钢瓶或通电的碳片式发生器才有实际效果。

◎恒温系统

没什么可以多说的,但需注意:

一公升水需要一瓦的功率。在种类上阴性水草及网草、白金浪草等块茎类草需要在26℃以下(最好是18℃~22℃),而红色系的水草则喜欢高温,在26℃~30℃生长良好。

推荐品牌:AZOO、JBL、SERA、甲伽等,国产为银声,巴顿为首选。

水族箱购置四步曲

选好放置水族箱的位置

原则是:

①符合室内景观布置要求。注意,一旦放置后很难挪动;

②适宜观赏和日常管理;

③附近有电源插座;

④最好不要逆光,那样在无灯光情况下观赏效果较差。最好是在有较明亮的散射阳光,且阳光不能直射到的地方,否则易滋生藻类;

⑤比较安全、安静的地方,不容易被磕磕碰碰;

⑥如果放置在家具上,家具应有足够的承受能力,且不怕被水弄湿;

⑦饲养热带鱼水族箱可考虑靠近暖气片,以减少冬季加温用电,但不能紧贴其上。

规划水族箱的大小

一是居室条件、家具摆设而定。宽阔的厅堂,配以大型水族箱显得豪华气派。书房、卧室的一角,放置一掌上水族箱可能更显得玲珑剔透。然而对于多数鱼友来说,更重要的可能是要看养什么鱼,养多少鱼。水族箱体积越大,容水量越多,水体生态系和水温越稳定,越接近自然环境,越符合鱼的需要。如养银龙、锦鲤等大型鱼,就要用长度至少1m的宽大箱体。体型小的鱼,箱体可以小些,但为了观赏的效果,数量往往较多,水族箱的体积也不宜太小。经验是箱体越大越好养。当然,箱体太大,操作会不方便,冬季加温会用电较多。如果室内布置允许,推荐水族箱的尺寸:长度80～150cm,宽度30～50cm,高度40～60cm。如果你准备栽种水草,那么缸体宽度不宜太小,否则难以布置出层次感;高度不宜太大,否则会影响灯光的照度。

购买或者订做

在过去,人们的水族箱多半是到玻璃店或水族店订做,动手能力强的也可购买玻璃、玻璃胶等自己粘制。在花费上,自己做最便宜,玻璃店次之,水族店略贵。箱体加铝合金等材料的支架,一般不会超过300元。DIY可能几十元即可。但随着消费水平的提高和技术的进步,现在许多人愿意到水族店或百货商场购买高档成品水族箱,尽管价格不菲,但设施齐全,制做考究,视觉效果好。至于你如何添置水族箱,可根据经济条件而定。

添置相关用品

如果不是购买成品箱,还应单独购买过滤设施、加温设施、温度计、灯具等必备用品。如果准备种水草,还应同时购买底砂、水草、水草基肥等。有必要的话,可同时购买二氧化碳供应系统、沉木和一些饰品。但应注意,不要急着买鱼!

设置水草缸

注意：裸缸养鱼可略过此节。

确定水族箱的风格类型

水族箱的风格类型多种多样。有的如广袤的草原，有的如起伏的山峦，有的如茂密的森林，有的如神秘的峡谷。不同地区人们的审美情趣也有较大差异。根据个人的爱好和房间的布置情况，可选择不同的风格类型。初次设缸可多借鉴一下别人的作品。通常，最基本的有以下几种类型。

鱼为主，岩石为辅。在水族箱中放入不同形状、大小的岩石，从这端至另一端，布置成山景，如板块型、峰峦型、石林型及悬崖绝壁、洞穴深谷，石在水中色泽如玉，比陆上山石美丽，但它毕竟是没有生命的石头，怪石嶙峋，一片荒漠。只有当一群群五彩缤纷的鱼儿游来，山巅谷底，翩翩嬉戏，才骤添大千世界之奥妙神秘。注意石块等饰物应表面光滑，质地坚硬，无可溶性化合物释出。

鱼为主，水草为辅。水族箱内不设其他景物，栽些低矮小型水草或放入一些螺贝壳，也可在箱壁外贴水中景图纸作衬托。在这宽旷的水体内，放养1~2种中小型鱼几十尾，选择喜欢集群好游的品种，如红绿灯、斑马鱼等。同一种鱼的个体大小相同，观赏其整齐一致地集体迅游的壮丽场面。也可以只饲养几尾大型鱼类，观赏其遨游风采。

水草为主，鱼为辅。在水族箱底铺砂，栽满多种形态的水草，错落有致地布置，优美可观。水草在光的照射下，青翠欲滴，生机盎然，偶见几条小鱼悠然而至，瞬间又隐没于密林深处，犹似一个清幽静谧之仙境。注意水草种类不可太多，矮草在前，高草在后，否则容易杂乱无章。

鱼景结合。水族箱内放养多种形态和色彩的鱼，箱底栽水草，设假山、亭、塔等景物。使水族箱呈现繁华景象，如花似锦。鱼与水草兼得。

立体式。水族箱在室内不靠壁不靠边，前后左右都有光源，光线穿透水族箱，前后都可观赏。这种立体式景观，要有宽大的室内空间，如饭店、别墅的大厅。水族箱底座，用水泥、大理石或水磨石砌筑，与地面用料一致，底座较高。水族箱口内侧，粘有较宽的玻璃边，可放电插座、增氧泵、滤水器等。箱内布景可以是立体式的，前后两面都可观赏不同景物。选择体色不受逆光影响色彩和亮度的鱼饲养。

装缸之前，可先画一张草图，确定好岩石、树根、水草和其他饰物的摆放栽种的位置。须知，设缸其实是一项艺术创作，与养鱼不在一个范畴。

🌿 设缸

①若使用自来水需在敞口容器中静置1~2天，如果准备养的鱼和水草对水质要求苛刻，还应按要求调整好。将买来的底砂反复淘洗干净。将水草、岩石及其他饰物放入中等红色的高锰酸钾溶液中浸泡5分钟，再用清水洗净，将水草的枯枝败叶去除，根据需要做适当修剪。将缸体及其他准备放入水中的器具洗净。

②将缸体安置在预定位置。如果你选择了底部加温或过滤系统，先将其安装好。

③取底砂的2/3在大盆中与水草底肥混合均匀，放入缸底铺平。再取其余1/3放入缸中铺开。底砂的总厚度可掌握在3~6cm，前部略薄，后部略厚，中间略薄，两端略厚。摆放好岩石、沉木等体积较大的饰物。如果你不想种草则底砂中可不

加肥料。

④把一个盘子平放于底砂上，将晾好的水缓缓倒在盘子上向四周蔓延，防止将砂冲起。注入至缸体的1/3时，将买回来的水草植入。然后将水加满。拿出盘子，将水草做适当整理，放置好较小的饰物，捞出水面漂浮物。

⑤安装好温控、过滤、照明、气体添加等系统。现在普遍使用灯具的是荧光灯。在使用这些灯管时应避免多种颜色混合使用，一般以太阳灯或白色灯两种暖色调的萤光灯来搭配。灯管的长度与功率大小有关。在水族箱能放开的情况下，应尽量使用较长的灯管。根据水族箱的宽度，放置2~5只灯管。灯具宜装在水族箱正上方或略靠前的位置。为了提高效率，灯具内部应装有反射板。

⑥将温控系统调到适当数值，打开供气、过滤系统，但不要开灯。

⑦由于底砂中基肥容易溶解于水中，前两天每天换水1/2，然后开始耐心养水。

🎯 裸缸建立生态缸的简单步骤 ·······································□

以100升水的水族箱为例：

①建缸初期有可能引入有机物过多引起初期氨及亚硝酸盐浓度过高，新手在无检测手段的情况下，容易导致闯缸鱼牺牲；

②操作过程过于复杂，增加不可控因素，新手难以掌握，难以安全实现良好效果；

③有些步骤可以省略，而且省略后并不影响最终效果。

〰 开缸前的准备

设备：水族箱（废话）、外滤桶（其他能容纳玻璃环的过滤器也可以）、打氧泵（包括软管及纱头等）、底砂（可以取消）。

药剂：喜瑞去铵及亚硝酸离子液（简称硝化细菌，亚峰商城有售）。

闯缸鱼：廉价的健康的清洁工作鱼、饲料鱼等。

外滤桶的滤材设置（按水流方向）：

①粗滤棉（两层），主要作用是进行物理预过滤，如果包在外滤桶的进水口外，则更便于更换；

②生化棉，主要作用是培养分解有机物的消化细菌，能提高水质澄清度；

③玻璃环，一般情况下，玻璃环体积要占全缸水体积的3%～5%，主要作用是培养硝化细菌，以保证水质无毒性；

④粗滤棉（一层），主要作用是物理过滤，打散、吸附细菌的代谢废物。

其他种类的过滤设备可参照上述外滤桶进行设置。

开缸过程

第一天，安装设备——注水——铺砂（5cm左右厚度或不铺砂）——运转设备——检查是否有漏水之处以及设备安装是否有问题。

第二天，排水再重新注水（经过曝气处理后的自来水即可）——运转设备（过滤及打氧设备，从此不再关闭）——加入状态健康、体质健壮的闯缸鱼，按说明加入硝化细菌。（其后连续十天，按说明继续补充硝化细菌）

第七天左右，据了解一些高手开缸的经验，此时分解NH_3/NH_4的亚硝酸菌已经初步建立，但硝酸菌还未能跟上步伐，此时水体内NO_2的含量会出现峰值，闯缸鱼容易出现不适。如果此时闯缸鱼无任何异常，进食活跃，则可在第十天起逐日继续增加闯缸鱼的数量，并逐渐增加投喂量。

一个月后，生化系统就基本稳定下来了，可以考虑加入价贵的主力鱼了。

日常维护

定时换水（每周换三分之一到五分之一），换水周期可逐渐加长，换水量可逐渐减少，以不出现褐藻为限。换入的水如果是自来水，要经过24小时的打气，以去除自来水中的余氯，减少对硝化系统及鱼的伤害。

定量定时喂食，不要让鱼吃得过饱，不要留残饵。

❋ 注意事项

①加入闯缸鱼后，如果出现异常，则尽快换水（部分换水）。

②过滤及打氧设备尽量不要中断运转。

③过滤桶中的玻璃环总体积要达到全缸水体积的3%～5%；

④水体含氧量与生物过滤效率相关，在不影响观赏的前提下，可增加打氧。

⑤硝化细菌建议选择名牌的，杂牌的不如不用。

⑥过滤系统的物理过滤及生物过滤，仅能保证水质的清澈及无毒性。对于具体鱼种而言，水温、pH值、硬度都是影响的重要因素。建议参考具体资料，对此进行相应调整。

自制鱼缸参考

❋ 玻璃的厚度要求

DIY鱼缸的玻璃厚度一般的，容积越大，玻璃厚度也要厚些，对于超过100cm长的水族箱，其底部玻璃也要比壁部玻璃厚 下面是一些经验参数，仅供参考：容水量（千克）1000 玻璃厚度10～12（mm），容水量（千克）800 玻璃厚度10（mm），容水量（千克）500 玻璃厚度（8～10mm），容水量（千克）400 玻璃厚度8（mm），容水量（千克）300 玻璃厚度6～8（mm），容水量（千克）250 玻璃厚度6～8（mm），容水量（千克）200 玻璃厚度5（mm）。

自己制作玻璃鱼缸应注意的要点

自己制作玻璃鱼缸，一方面以根据实际情况灵活掌握尺寸及比例，另一方面可以降低成本，当然也可以随时高速水族箱的造型。

但是在制作过程中，常常会发生一些意想不到的事情，如漏水、断裂等。因此必须掌握水族箱制作的几个要点，才能制造出美丽大方的水族箱。

①玻璃的科学处理：划玻璃前，先要清洁玻璃表面，擦去灰尘等污垢，对不容易擦的污物，可涂一点汽油再擦，做到下班面上无不洁物，而且干燥。这样，划的时候就得心应手了。玻璃的裁划要注意以下几点：下刀前所测量的尺度要准确；下刀前可用毛笔蘸上一点火油，涂在玻璃的下刀处，然后再下刀。下刀方位呈45度角，用力要均匀，不轻不重；划面要平整，要一刀解决，不可重复

划刀。如果用的是0.5cm厚的玻璃，鱼缸左右两侧玻璃要比底玻璃小1cm，如果用的是1cm厚的玻璃，则两侧玻璃要比底玻璃小2cm，以此类推，玻璃划好后，可用砂轮轻轻磨去玻璃四周的"快口"，这样，既可以防止玻璃快口划伤人的肌肤，同时黏合盐业可增加牢固程度。

②上胶水的关键点：上胶水前，先把上胶处用布擦干净，不能有任何附着物。上胶时，两手所握住装上胶水的"压轮"悬空上胶，要求胶水成线，且直、匀、细，不能间断。先上底板上面不规则的四周（沿边0.5cm处）。把前后两块玻璃的两侧沿边0.25cm处涂上胶水，这样0.5cm厚的玻璃，胶水正好在中间。粘玻璃的顺序是：先上前面一块，然后上右侧一块，再上左侧一块，最后上后面一块。每上一块要适度用力压一下，这样可使胶水均匀地粘住两侧玻璃上，粘的时候底板玻璃要放平。全部玻璃粘上后，四周可用松紧带或绳子扎紧（但不必过紧）。特别要注意的是，接头打结不要在两侧玻璃上，否则两侧玻璃容易向内移动。用食指把挤在两块玻璃交界处的胶水挤成直角形，对粘在其他地方的胶水要乘未干时全部轻轻擦净，并在做好的玻璃缸上面均匀地压上重物（但不宜过重）。

③装饰：观赏鱼缸制作好后，都需要进行装饰，可按尺寸在周围配上1~1.5cm宽的铝合金三角条，三角条宽窄可随缸的大小而定。在装上去的时候，可在三角条内面涂上一层胶水，再粘在四个角上。经过精心装潢，不仅能衬托鱼飘逸多姿的

风采, 而且能提高艺术欣赏价值。所以, 有的制缸技师在鱼缸上贴上"海洋世界"、"水中牡丹"等字样及装饰彩条, 甚至采用铝合金包边后做成一个顶架等, 效果相当不错。

鱼缸的上滤系统图纸

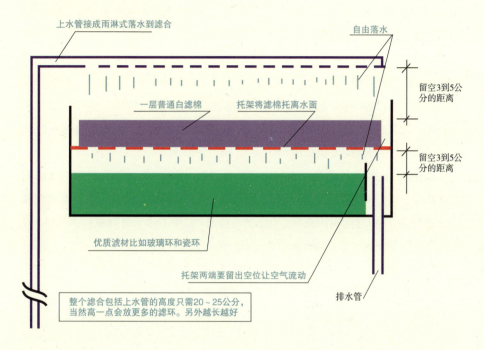

上水管接成雨淋式落水到滤合

自由落水

留空3到5公分的距离

一层普通白滤棉   托架将滤棉托离水面

留空3到5公分的距离

优质滤材比如玻璃环和瓷环

托架两端要留出空位让空气流动

排水管

整个滤合包括上水管的高度只需20～25公分, 当然高一点会放更多的滤环。另外越长越好

其他

过滤系统

因为鱼的玩家多半都是用许多鱼缸独立饲养各种不同品系的鱼，如果每一缸都要设置完整的过滤系统，恐怕不是每个人都负担得起的，因此最常见到鱼玩家们用的过滤方式就是使用海绵气动式过滤器。

海绵过滤器的好处：安装方便，经济上的负担也较轻，而且也不必担心才出生的小鱼会被过滤器吸进去。

海绵过滤器的缺点：海绵较容易因为堵塞而使效果受到影响，使用者最好定期清洗，因为一些导致疾病的因子都会一直留在过滤棉里，如果长期都不去处理，恐怕常常会有疾病发生。

还有一种比较常用的是沉水型的过滤器，它利用马达将水吸入后利用过滤棉过滤水中杂质，效果相当不错。市面上可供选择的产品也相当多种，只需要定期清洗过滤棉，可以说是非常的方便，不过成本过高，如果手边鱼缸数量较多的话，恐怕每一缸都要使用一台，那么就必须花费一笔为数不小的金额。

其他过滤器如：上部过滤器、圆筒过滤器、甚至是滴流式过滤器，只要过滤效果良好，都可以使用在鱼的缸子里，不过最重要的还是要适合您的鱼缸大小及饲养的预算。

养殖热带鱼的必备装备

（1）鱼缸：是热带鱼生长和活动的场所。饲养热带鱼的鱼缸必须选用规格稍大的长方形玻璃鱼缸。

（2）吸水管：用于换水时吸出鱼缸底面的脏物，用软橡胶管和玻璃管连接而成。长度根据鱼缸的高度而定。一般取1.2米到1.5米。

（3）温度计：用来测量和调节鱼缸的水温。

（4）鱼网：用来捕捞和转移热带鱼。

（5）玻璃灯桶：将灯泡放入玻璃灯桶内沉入鱼缸中起加温和照明作用。玻璃灯桶的口必须高出水面100mm，防止鱼跳入。

（6）电热管：冬天用来增加鱼缸内的温度。

（7）气泵：除去鱼缸中的二氧化碳，增加水中的溶氧量。

（8）过滤器：过滤出鱼缸中的污物，保持水质清洁，起增加氧量净化水质的双重作用。

（9）恒温器：用来自动控制鱼缸中的温度，可以长期保持温度恒定。

（10）食斗：防止鱼食漂浮在水面，有利鱼的捕食，又能防止鱼食落入水底的水草中，使水草、砂子变黑，败坏水质。

（11）除污液板：用塑料板做成。用来刮去鱼缸水面的灰尘和油污。

缸养热带鱼，放养密度视鱼缸的大小而定。对于初次养鱼的人，密度越小越好，并需添置充气泵。对于同缸鱼的搭配，文静的鱼不能和具有进攻性的鱼混养；大型鱼不能同小型鱼混养。热带鱼的饲料有多种选择，如鱼虫、红虫或适合不同种类热带鱼的包装饲料等。

✳ 热带鱼缸中的油膜产生及消除方法

在我们日常养鱼的过程中，经常会看到鱼缸里漂着淡淡的"油膜"，也许开始的时候我们会以为是水族箱里的油，但是过了一段时间以后还会有这样的"油膜"存在，我们不禁要问"到底是那里的油呢"？其实这些漂浮在水面上的不是真正的油，而是水体中的蛋白质，大量的蛋白质在水中聚合，小颗粒的蛋白质微粒聚合成为大片的，这样浮在水面上，就给人感觉像是油一类的物质。

水中的蛋白质是从哪里来的呢？其主要从鱼的饲料中产生，大家都知道蛋白质是鱼类生存的必需，所以我们所使用的鱼饲料中含有40%～50%的蛋白质，在这些蛋白质中有些蛋白质是容易被鱼类吸收的，有些是不容易被鱼类吸收的，不容易吸收的蛋白质会随着鱼的粪便排泄到鱼缸中，蛋白质是不溶于水的，这样，那些没分解或者半分解的蛋白质就会凝聚漂浮于水面上。这些漂浮在水面上的蛋白质是不能够被水族箱的过滤系统给除去的，蛋白质数量少时只是零星的在水面上，但数量多时就会形成大面积的"油膜"状漂浮，严重影响热带鱼的观赏。

此外还有一种情况可以产生"油膜"，那就是水中的大分子有机物未被完全分解或者死亡的细菌、外界的灰尘所形成的"疏水层"，但是，这样情况在有鱼类存在的水族箱中较少出现，这样的油漂浮在水面上时在阳光下会呈现五彩的颜色。

除去鱼缸中"油膜"的方法：

首先，我们可以用水泵的吸水口半露出水面，让水泵可以将水面的水吸入，在滤材中加入活性炭和海绵，这样就可以有效地除去"油膜"。

第二，我们可以使用厨房用的吸油纸一类的东西铺在鱼缸的水面，这样也能除去水面的"油膜"。

第三，对于"油膜"严重的水族箱我们可以使用净水药物，但是不建议用这样的方法，因为净水药物对鱼、草、硝化细菌都有较大的伤害。

"油膜"在使用丰年虾等高蛋白食物喂养时会经常出现，只要不会严重危害水质，我们可以不用管它，因为"油膜"对鱼本身是没有危害的。

❀ 如何对养热带鱼的鱼缸进行消毒

鱼缸、鱼盆要经常刷洗消毒，新买来的鱼缸、鱼盆等容器要经常清洗，对未用过的容器和刚刚养过病鱼的容器，使用前必须消毒。发生过传染性病的容器用百万分之五或百万分之十浓度的漂白粉溶液消毒。发生过寄生虫病的容器用4%～8%硫酸铜溶液消毒。放药后经5～7天，将缸水放掉即可养鱼。远征消毒液2号可用于传染病和寄生虫病的消毒。

❀ 热带鱼水族箱选择

饲养热带鱼，以水族箱为容器，便于观赏，箱内鱼体、水草等景物不变形，箱体积大，容水量多，符合热带鱼的需要。如养神仙鱼和其他大型鱼，要用宽大的箱体；体型小的鱼，为便于观赏，数量要多些，水族箱的体积也不宜太小。大箱中水体生态系和水温比较稳定，但是，水箱的体积太大了占地方多搬动也不方便。现在大型箱长1m以上，中型箱60～70cm，小型箱长40cm左右。视厅堂大小、居室条件而定。箱口应有盖，防止鱼跳出箱外，防止水气潮湿。如箱小，水面有水草，放养数量少，箱体高，水面与箱口距离较大，也可以不加盖。用三角铁或铝合金为框架制作的水族箱，初次使用时，在放水养鱼前先用水浸泡几天，每天换水，排除有害物质，防止粘合玻璃的油泥灰溢出油污，污染养鱼水质。可用树脂类粘合剂直接将玻璃粘合成箱。除环氧树脂、聚酰胺树脂外，还有粘合强度更大的化学粘胶剂，建材商店和观赏鱼市场上均能买到。箱口四周玻璃边沿镶铝片包边，四角装上直角形金属或硬塑料角加固箱体。目前市场上出售的大多是箱口及下部用茶色玻璃或蓝色有机玻璃贴边。制成或购回此种水族箱后，当粘胶已干涸，用水浸泡洗净即可。这种粘合水族箱在观鱼时视线不受阻挡，效果最好。

高档水族箱，上部是盛水养鱼的玻璃箱体，箱口有盖；下部是水温水质自控设备。根据对水温、水质的要求，调控水温和流速以及增氧泵的开关，这种水族箱价格较贵。

制作水族箱的玻璃厚度，视箱体大小而定，中小型箱可用5mm厚的玻璃，大型水族箱要用6~8mm厚的玻璃。铸制成的腰鼓形玻璃角缸不适用于观赏热带鱼，应选择钢精锅形，即口部至底部的周壁较为平直的，便于侧面观赏。

≫ 热带鱼翻缸和换水说明

①翻缸时先切断所有电源（切记，曾经这样爆过加热棒和一个外置式），抓出所有的鱼（另备一器具，用原来缸里的水），拔出草（轻点，慢点）用报 纸包好在上面洒点水。拿出所有器材，抽水（备个器具，放在里面等会还要），挖出砂子（铺了基肥的就扔了）。把缸洗干净（藻类用电话磁卡刮起，不要用刀类的利器以免有挂痕）再用海绵或干净的布擦干，铺好砂和基肥后注水，用一半原来的水，一半新水，这样鱼也比较适应，器材里的硝化细菌也不会死（注意水温），加水质安定剂，硝化细菌和除氯水，最好24小时后再放入草和鱼（没条件的可以马上放），注意观察水质（草在放入前先修剪好），两天后加液肥，此间延长开灯时间，因为草拔出再种就会弯，延长开灯时间是利用草的向光性使其早点伸直! 鱼一天后喂食。

②平时的换水，一般草缸最好每周换水1/3（直接放自来水就可以了，但要加水质安定计）。换水时如果是用带洗砂功能的吸水管，最好把洗砂头插入砂里（不要插得太深，以免吸到有基肥的层面）这是清除沉淀在砂里的残留物，降低硫化氢的产生（能使鱼死亡的有害物质，密植水草也能降低硫化氢的产生）。换水能调节pH值和水的硬度，降低亚硝酸盐浓度，促进水草放氧，促进鱼的食欲和生长，增加水的透光度。

③简单的油膜去除法：水面油膜的产生是由于夜间硝化细菌的死亡，它的存在会影响光的穿透和使光折射，教你一个很简单的去除方法：每天早上把草纸平放在水面上，过一会（10来秒，太长会烂掉）就拿掉，就能快速去除油膜了。

水族箱的好伙伴——生物平衡

为您的鱼缸推荐下列的基本成员，它们在鱼缸内有其各自功能，各司其职。用生物控制的法则，您会发现有不可思议的效果。

①五爪贝。除观赏外，它还是天然过滤器，滤食磷酸盐、硝酸盐，大约每40公升放养一个。

②食藻螺。鱼缸内的清道夫，用它来控制褐藻、发藻是最好的选择，比海胆、寄居蟹效果好，每20公升放养一个。

③清洁虾。鱼缸内常驻的医生，清除鱼只身上寄生虫外，并处理砂层上未吃完的饵料。

④大头虾虎。吃掉微细藻类，使鱼缸看起来更整洁。

⑤六线龙。珊瑚类的寄生虫扁平虫，看起来极似藻类，事实上是寄生虫的一种，六线龙是这种虫的克星。

⑥青蛙。奇形怪状、色彩炫丽外，它不吃人工饲料，专吃活岩上的一些杂虫。

⑦小黄龙、石斑龙。底层杂虫的清道夫，有潜砂习性，顺便使底砂松动，不结块。

⑧阳燧足。棘皮动物海星的一种，夜行性吃食砂砾上的有机物，白天潜砂同样有搅砂功能。

⑨小型雀鲷。白丝虫（小白虫）的克星，白丝虫抗药性强，雀鲷类是它的天敌。

⑩三间火箭。在缸内有一种像小千手的小海葵类，对珊瑚、贝类等影响很大，繁殖力超强，可以用三间火箭等去除。

⑪大荷叶草、新娘草、紫云草。不但漂亮还具观赏价值，让它生长成为缸内的优势藻种，它可以替你除去硝酸盐，减少换水次数，还可作为饵料。

新鱼缸满缸都是气泡的原因

有些鱼友遇到这样的问题，新的鱼缸，新的过滤系统加了海棉还有过滤石，新的抽水棒，就不知道为什么整个缸都是气泡。

这个产生气泡的现象在初养热带鱼时都会遇到，这里说明几种情况，大家可以对号入座分析自己的原因。

①我们都知道，一个普通的鱼缸有时加满水都在150～200kg。这样一来不管是井水还是自来水，刚加入鱼缸的水肯定是温度比较低的，因为温度越低水中的溶解氧以及其他气体（氯气等）的溶解度都会很高，而室内的温度要高于水温，所以随着鱼缸内的水温度升高，水中气体的溶解度降低，气体就会从水中释放出来，这样就会在缸壁、过滤器、充氧机管道的表面凝结出气泡，粘在上面。如果此时放鱼进去就会在体表甚至体内凝结气泡，造成鱼的死亡。也可称之为"气泡病"起因之一。

②新的滤材，如过滤石等，如果没有清洗干净，加之新水我们都是给它充气，所以也会产生许多气泡。这种气泡一般漂浮在表面，属于黏性物质，可以捞出来。解决的办法是增加活性炭吸附水中的黏性物质，滤材也要重新清洗干净。

③新水没有养好的时候，可能我们在水中加入了硝化细菌，这样也可能产生气泡，原因是培养硝化细菌的培养液可能含有较多的有机物质。在充气的时候水面就会产生一层不易破裂的气泡，如果是单单这一种原因，我们可以把泡沫捞出，过段时间就好了。

常见观赏鱼疾病的治疗方法

你首先要知道养鱼的基本知识

①鱼缸使用前要进行杀菌消毒（用高浓度的高锰酸钾水涮一遍，再用低浓度的高锰酸钾水把鱼缸泡上一天左右）。

②选鱼也很重要，有的时候选回家的鱼已经得了病。

③新鱼拿回家，这时要注意你鱼缸中的水温已经达到你小鱼适合生长的温度（鱼在27℃±1℃比较适合，但不是绝对的），不要打开袋子，连袋子一起放入鱼缸中，漂10至20分钟，然后再把鱼倒入缸中，三天内不要进行投喂。之后每天喂两次，每次以小鱼在五分钟内食完最佳。

④换水，无过滤打氧系统的每天换五分之一左右的水，有过滤打氧系统的三天左右换三分之一或二分之一的水，注意不要用刚接出来的自来水，自来水接出来后，最好放上两三天，再给小鱼换。因为自来水中含有大量对鱼有害的物质。再一个就是注意换水的水温控制，新水和原缸内的水的水温不要超过±1℃最宜。

⑤注意小鱼耗氧量的问题，如果鱼比较多，那就得使用氧气泵进行打氧。

⑥鱼生病后，应及时到鱼店咨询用药情况（多咨询几家，一是增加经验，二是防止上当受骗）。

病毒性疾病——传染性造血功能坏死病

病原：传染性造血功能坏死病毒。

症状：主要感染幼鱼，病鱼体发黑，鳃变白，肝脏偏白，病鱼拒食；无较好的治疗措施，预防有一定的效果。曾对美国红鱼鱼种（6~8cm）的预防取得一定效果。

预防方法：

①20ppm的聚维酮碘浸泡5~10分钟；

②聚维酮碘与大黄鱼等抗病毒中药用黏合剂混合，拌入饵料中投喂；

③［氯霉素（60~80mg）＋多种维生素］/公斤鱼，连续投喂5~7天。

淋巴囊肿病

病原：鱼淋巴囊肿病毒。

症状：病鱼的头、皮肤、鳍、尾部及鳃上有单个或成群的念珠状物，病灶的颜色由白色、淡灰色至粉红色，成熟的肿物可轻微出血。对鱼的成活率影响不大，但降低商品价格。流行季节，18℃～30℃可见此病。海鲡鱼（军曹鱼）0.5公斤以下此病常见。无较好的治疗方法，

预防方法：

①20ppm的聚维酮碘浸泡5～10分钟；

②聚维酮碘拌入饵料中投喂；

③氯霉素60～80mg＋多种维生素/公斤鱼；连续投喂5～7天，一日一次。

真菌性疾病——水霉病

病原：水霉菌感染。

症状：病鱼离群独游，不摄食，体表有一层"棉状物"，常见于不耐寒的品种，如尖吻鲈、紫红笛鲷、石斑鱼等；流行季节：12月～翌年4月。

防治方法：

①淡水浸泡5～10分钟；

②氟哌酸50mg/公斤鱼；

③痢特灵60～80mg/公斤鱼，连续投喂4～6日，一日一次。可治愈此病。

细菌性疾病——烂鳃病

病原：柱状屈桡杆菌。

症状：病鱼体黑，拒食，离群独游，游动缓慢，鳃部黏液增多，鳃弓、鳃耙缺损，充血发炎，严重者鳃盖糜烂成一圆形或不规则的开口，俗称"开天窗"。病鱼7天内死亡。季节更换易发生，常见病。

防治方法：

①呋喃西林5ppm，淡水浸泡5～10分钟；

②季胺盐碘2～3ppm，淡水浸泡5分钟；

③配合投喂氯霉素40～70mg/公斤鱼；

④氟哌酸50mg/公斤鱼，严惩者可使用恩诺沙星；连续投喂3～5天，一日一次。

细菌性疾病——肠炎病

病原：肠型点状气单胞菌。

症状：病鱼食欲减弱，肛门红肿，肠道无食物，充血发炎。

防治方法：

①投喂新鲜无恶臭的饲料鱼；

②投喂大蒜素30mg＋磺胺二甲基嘧啶50mg/公斤鱼；

③投喂痢特灵70～90mg/公斤鱼；

④土霉素100mg/公斤鱼，连续投喂4～6天，一日一次。

寄生虫性疾病

①石斑鱼孢子虫病。

病原：孢子虫寄生所致。

症状：病鱼体表无异常，腹部肿大，解剖可见小黑颗粒连接，形成一大块"黑状物"，刺破"黑状物"，内为白色，镜检，见有大量的孢子虫（有可能是匹里虫，需进一步分类）；"黑状物"可胀破鱼的腹部，病鱼死亡；石斑鱼孢子虫病对鱼的成活率影响不大，但影响市场价格。5cm以上鱼种可见寄生。

目前仍无防治办法，在选种时应注意。

②海水小瓜虫病。

又称刺激隐核虫病。

病虫：刺激隐核虫。

症状：刺激隐核虫寄生在鱼的鳃、鳍、皮肤、口腔等处，大量寄生时鳃部黏液增多，体表布满了小白点，也称白点病，传染快，死亡率高，3~5天可造成80%的损失。水温20℃~26℃常见此病。半咸水池塘养殖黄鳍鲷注意防治此病。

防治方法：

（A）淡水浸泡10~15分钟；

（B）硫酸铜与硫酸亚铁（5:2）10ppm，淡水浸泡10~20分钟；

（C）醋酸铜5~10ppm，淡水浸泡10分钟；

（D）配合投喂抗菌素，氟哌酸50mg/公斤鱼；

（E）土霉素100mg/公斤鱼，连续投喂2~4天。

③车轮虫病。

病原：车轮虫。

症状：车轮虫主要寄生在鱼的鳃部、体表；少量无影响，大量寄生时，病鱼鳃部黏液增多，游动缓慢，呼吸困难，造成死亡。广东、海南全年可见此病。

防治方法与海水小瓜虫病相同。

④瓣体虫病。

病原：瓣体虫。

症状：病鱼体黑，浮于水面离群缓慢游动，呼吸困难，鳃、鳍、皮肤黏液增多，体表出现不规则的白斑，病情严重时白斑连成一片，又称白斑病。高温季节常见。

防治方法与小瓜虫病同。

营养性疾病

主要由于长期投喂不新鲜的冰鲜饵料鱼所致，造成脂肪肝、黄花鱼的打转病等营养性疾病。

预防措施：经常在饵料中添加多维、复合矿物元素。

可 爱 观 赏 鱼

KEAI GUANSHANGYU